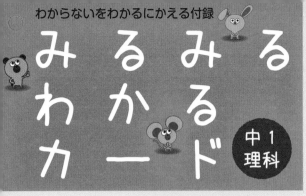

わからないをわかるにかえる付録

みるみる わかる カード

中1理科

胚珠（はいしゅ）

胚珠

受粉すると何になる部分？

被子植物（ひししょくぶつ）

どんな植物？

裸子植物（らししょくぶつ）

雌花（めばな）

雄花（おばな）

どんな植物？

JN085523

単子葉類（たんしようるい）

どんな植物のなかま？

胞子（ほうし）

胞子

胞子のう

何のこと？

脊椎動物（せきついどうぶつ）

どんな動物？

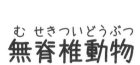
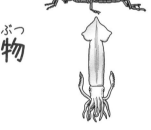

無脊椎動物（むせきついどうぶつ）

どんな動物？

胎生（たいせい）

どんな生まれ方？

外骨格（がいこっかく）

どんな殻？

受粉した後，種子になる部分

この部分を何という？

使い方

- ミシン目で切りとり，穴にリングなどを通して使いましょう。
- カードの表面の問題の答えは裏面に，裏面の問題の答えは表面にあります。

胚珠がむき出しになっている植物

この植物を何という？

胚珠が子房の中にある植物

この植物を何という？

シダ植物やコケ植物がなかまをふやすためにつくるもの

これを何という？

子葉が1枚で，平行脈という葉脈とひげ根をもつ植物のなかま

この植物のなかまを何という？

背骨をもたない動物

この動物を何という？

背骨をもつ動物

この動物を何という？

節足動物の体をおおうかたい殻

この殻を何という？

子が母親の子宮内である程度育ってから生まれる

この生まれ方を何という？

有機物
ゆうきぶつ

燃やすと何が発生する物質？

密度〔g/cm³〕
みつど

どのように計算する？

水上置換法
すいじょうちかんほう

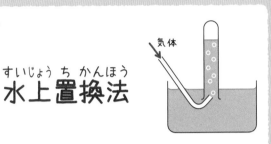

どんな気体を集める方法？

上方置換法
じょうほうちかんほう

どんな気体を集める方法？

溶解度
ようかいど

どんなときの何の質量？

飽和水溶液
ほうわすいようえき

どんな水溶液？

再結晶
さいけっしょう

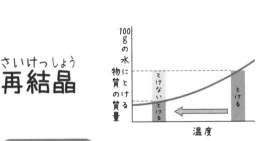

どんな操作？

沸点
ふってん

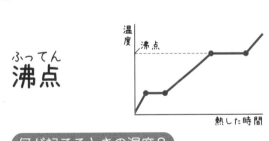

何が起こるときの温度？

融点
ゆうてん

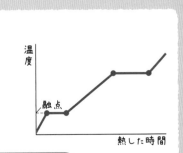

何が起こるときの温度？

蒸留
じょうりゅう

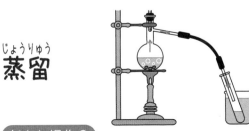

どんな操作？

$$\frac{物質の質量〔g〕}{物質の体積〔cm^3〕}$$

この式で計算できる値を何という？

炭素をふくみ，燃やすと二酸化炭素（や水）が発生する物質

この物質を何という？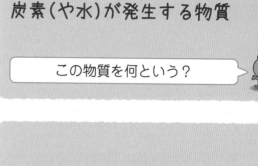

水にとけやすく，空気より密度が小さい（軽い）気体

この気体の集め方を何という？

水にとけにくい気体

この気体の集め方を何という？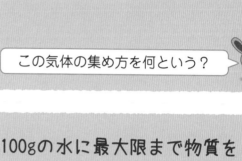

物質がそれ以上とけることができない状態の水溶液

この水溶液を何という？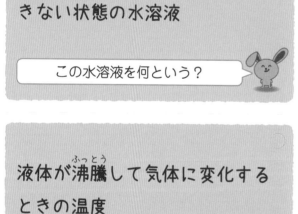

100gの水に最大限まで物質をとかしたときの，とけた物質の質量

この質量を何という？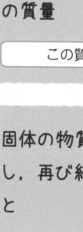

液体が沸騰して気体に変化するときの温度

この温度を何という？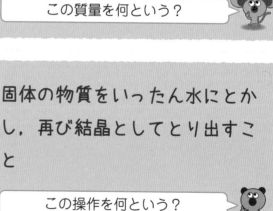

固体の物質をいったん水にとかし，再び結晶としてとり出すこと

この操作を何という？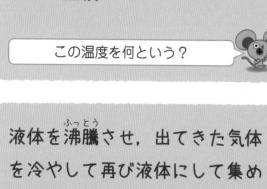

液体を沸騰させ，出てきた気体を冷やして再び液体にして集めること

この操作を何という？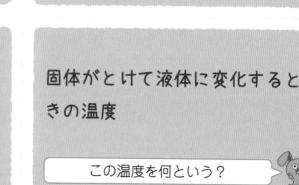

固体がとけて液体に変化するときの温度

この温度を何という？

光の反射
の法則
（はんしゃ）（ほうそく）

鏡

どんな法則？

焦点
（しょうてん）

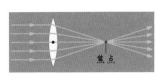

焦点

どんな点？

実像
（じつぞう）

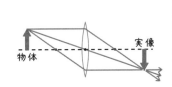

物体　　実像

どんな像？（凸レンズを使った場合）

乱反射
（らんはんしゃ）

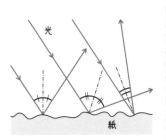

光

紙

どんな現象？

振幅
（しんぷく）

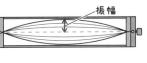

振幅

音の何に関係する？

振動数
（しんどうすう）

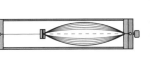

音の何に関係する？

ニュートン

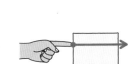

何の単位？

重力
（じゅうりょく）

どんな力？

垂直抗力
（すいちょくこうりょく）

どんな力？

フックの
法則
（ほうそく）

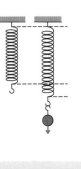

どんな法則？

光軸に平行な光を凸レンズに当てたとき，光が屈折して集まる点

この点を何という？

光の反射では，入射角と反射角が等しいという法則

この法則を何という？

光がでこぼこした物体に当たると，いろいろな方向に反射すること

この現象を何という？

凸レンズを使った場合，物体が焦点の外側にあるときにできる，物体と上下左右が逆向きの像

この像を何という？

音の高さ

振動する弦の何が関係する？

音の大きさ

振動する弦の何が関係する？

地球上の物体にはたらく，地球の中心に向かって物体を引く力

この力を何という？

力の大きさを表す単位

この単位を何という？

ばねののびは，ばねを引く力の大きさに比例するという法則

この法則を何という？

面の上に物体を置いたとき，面から物体に対して垂直にはたらく力

この力を何という？

マグマ

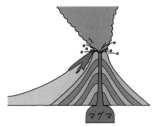

どんなもの？

火山岩
(かざんがん)

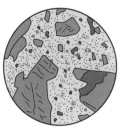

何というつくりをもつ岩石？

深成岩
(しんせいがん)

何というつくりをもつ岩石？

初期微動
(しょきびどう)

どんなゆれ？

主要動
(しゅようどう)

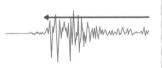

どんなゆれ？

示相化石
(しそうかせき)

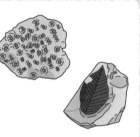

何を知るのに役立つ化石？

示準化石
(しじゅんかせき)

何を知るのに役立つ化石？

堆積岩
(たいせきがん)

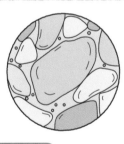

どのようにしてできた岩石？

断層
(だんそう)

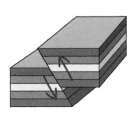

地層がどうなったもの？

しゅう曲
(きょく)

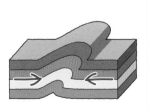

地層がどうなったもの？

斑状組織(はんじょうそしき)

このつくりをもつ岩石を何という？

火山の地下にある，岩石がとけてできたもの

これを何という？

地震のとき，はじめに起こる小さなゆれ

このゆれを何という？

等粒状組織(とうりゅうじょうそしき)

このつくりをもつ岩石を何という？

地層ができたときの環境を知るのに役立つ化石

この化石を何という？

地震のとき，後から起こる大きなゆれ

このゆれを何という？

地層として積もった粒が押し固められてできた岩石

この岩石を何という？

地層ができた時代を知るのに役立つ化石

この化石を何という？

大きな力がはたらき，地層が曲がったもの

これを何という？

大きな力がはたらき，地層がずれたもの

これを何という？

わからないを
わかるにかえる

中1理科

文理

もくじ contents

3 光・音・力

4 大地の変化

写真提供：アフロ
イラスト：artbox, 青山ゆういち
柏原昇店, ユニックス

この本の特色と使い方

1単元は，2ページ構成です。

左ページの解説を読んで，右ページの問題にチャレンジしよう！

覚えておきたい用語

この単元の
重要用語

この単元で理解
しておきたい
**ポイントの
解説**

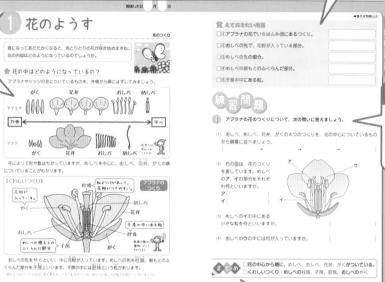

まずはここを
覚えよう！

ポイントを
ていねいに
解説！

練習問題

学習したことを
問題形式で
確認！

学習したことを整理できる！

まとめ

ポイントを
まとめで確認！

解答集は，問題に答えが入っています。

問題を解いたら，答え合わせをしよう！

解答集はとりはずして使えるよ！

答え

答えが入っていて見やすいね！

解説

- 章ごとに，**まとめのテスト**があります。

  テスト形式になっているよ。学習したことが定着したかチェックしよう！

- 章の最後には，**特集**のページがあります。

  知っておくと理解が深まることがのっているよ。ぜひ読もう！

付録カードで，みるみるわかる！

わからないをわかるにかえる付録

**みるみる
わかる
カード**

中1
理科

ちょっとした時間にも確認できる！

はいしゅ
胚珠

受粉すると何になる部分？

植物や動物の特徴と分類

この章では,
植物や動物の特徴と分類について
学習します。

→答えは別冊 p.2

観察のページ　身近な生物の観察と分類

観察① 身近な生物の観察

どのような生物がどのようなところにいるか，調べてみましょう。

観察結果

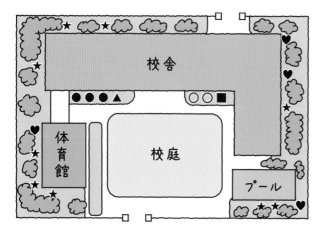

観察したことは，記録カードやレポートにまとめよう!

● セイヨウタンポポ
○ オオイヌノフグリ
■ セイヨウミツバチ
▲ モンシロチョウ
★ ドクダミ
♥ オカダンゴムシ

【日当たりのよいところで見つけた生物】
　　セイヨウタンポポ，オオイヌノフグリ，
　　セイヨウミツバチ，モンシロチョウ

【日当たりの悪いところで見つけた生物】
　　ドクダミ，オカダンゴムシ

練習問題1　観察①について，次の問いに答えましょう。

(1) 次のア〜エのうち，日当たりのよいところで見つけた植物はどれですか。2つ選びましょう。　　　（　　　　）（　　　　）

　ア　ドクダミ　　イ　セイヨウタンポポ
　ウ　オオイヌノフグリ　　エ　オカダンゴムシ

(2) 次のア〜ウのうち，日当たりの悪いところで見つけた動物はどれですか。

　　　　　　　　　　　　　　　　　　　（　　　　）

　ア　オカダンゴムシ　　イ　セイヨウミツバチ　　ウ　モンシロチョウ

観察 ② 身近な生物の分類

① さまざまな生物の，似たところとちがっているところを調べます。
    └共通点というよ。   └相違点というよ。

② 調べた特徴（とくちょう）をもとに，なかま分けします。
   なかま分けすることを分類（ぶんるい）といいます。

何に注目して
分類しようかな〜

分類の例

【生息場所で分類】

陸上

| タンポポ | サクラ |
| ダンゴムシ | アリ |

水中・水辺

| スイレン | メダカ |
| カエル | |

【自分で動くかどうかで分類】

動く

| ダンゴムシ | アリ |
| メダカ | カエル |

動かない

| タンポポ | サクラ |
| スイレン | |

注目する特徴を変えたら，
分類のしかたが変わったよ！

練習問題 2 観察②について，次の問いに答えましょう。

(1) いろいろなものを，ある特徴に注目してなかま分けすることを何といいますか。
（　　　　　　　　　）

(2) 次の植物ア〜エを，花の色でなかま分けしました。「黄色」になかま分けされるものを，すべて選びましょう。　（　　　　　　　　　）

ア ナズナ　　イ カタバミ　　ウ オオイヌノフグリ　　エ タンポポ

観察のしかた

観察の
ページ

→答えは別冊 p.2

観察 ① ルーペの使い方

【ルーペ】

危険！！
ルーペで太陽を見てはいけない！

あっ！

ルーペはいつも目の近くに！

【観察するものが動かせるとき】

① ルーペを目に近づけて持ちます。

② 観察するものを前後に動かして、
ピントを合わせます。

ルーペ

【観察するものが動かせないとき】

① ルーペを目に近づけて持ちます。

② 自分の顔を前後に動かして、
ピントを合わせます。

練習問題 1 観察①について，次の問いに答えましょう。

(1) 観察するものが動かせるときのルーペの使い方として正しいものを，次のア
〜ウから選びましょう。　　　　　　　　　　　　　　（　　　）

　ア　ルーペを前後に動かして，ピントを合わせる。
　イ　観察するものを前後に動かして，ピントを合わせる。
　ウ　自分の顔を前後に動かして，ピントを合わせる。

(2) 観察するものが動かせないときのルーペの使い方として正しいものを，(1)の
ア〜ウから選びましょう。　　　　　　　　　　　　　（　　　）

観察②　スケッチのしかた

タンポポの花をスケッチしてみましょう。

【スケッチのしかた】

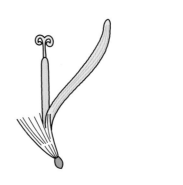

① 細い線・小さい点ではっきりとかきます。
　└よくけずった鉛筆を使おう。

② 対象となるものだけをかきます。
　　関係のないものはかかないよ。

③ 観察した日時や天気，場所，気づいたこと
　なども記録します。

〈よい例〉　　　　　　〈悪い例〉

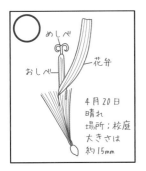

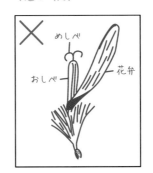

線を重ねがきする。
ぬりつぶす。
影をつける。

練習問題 2　観察②について，次の問いに答えましょう。

(1) 次の**ア～カ**のうち，スケッチのしかたとして正しい
　　ものを３つ選びましょう。

　　　　　　（　　　　）（　　　　　）（　　　　）

　ア 細い線ではっきりとかく。
　イ 線を重ねがきする。
　ウ ぬりつぶす。
　エ 観察した日時や天気を書く。
　オ 観察のときに気づいたことも書く。
　カ 観察したもののまわりにあるものもスケッチする。

A

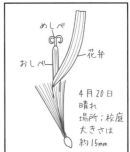

B

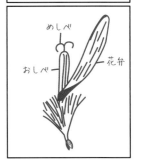

(2) 右の図の**A**，**B**のうち，タンポポの花のスケッチと
　してよいものはどちらですか。　　（　　　　）

観察のページ　顕微鏡の使い方

➡答えは別冊 p.2

観察① 顕微鏡の構造

ステージ上下式の顕微鏡の構造を調べてみましょう。

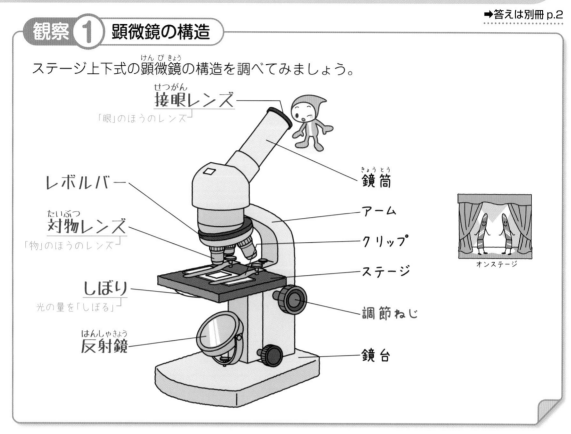

接眼レンズ
「眼」のほうのレンズ

鏡筒

レボルバー

対物レンズ
「物」のほうのレンズ

アーム

クリップ

ステージ

しぼり
光の量を「しぼる」

調節ねじ

反射鏡

鏡台

オンステージ

練習問題1 観察①について、次の問いに答えましょう。

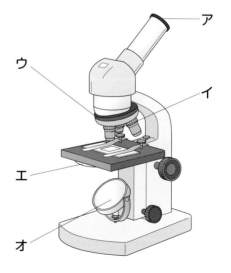

(1) 右の図の顕微鏡の**ア**，**イ**のレンズをそれ
　　ぞれ何といいますか。

　　　　ア（　　　　　　　　　　　）
　　　　イ（　　　　　　　　　　　）

(2) 右の図の顕微鏡の**ウ**〜**オ**の部分の名前を，
　　それぞれ下の〔　〕から選んで答えましょ
　　う。　　ウ（　　　　　　　　　　　）
　　　　　　エ（　　　　　　　　　　　）
　　　　　　オ（　　　　　　　　　　　）

〔　しぼり　　反射鏡　　レボルバー　〕

観察②　顕微鏡の使い方

① 対物レンズを<u>いちばん低い倍率</u>のものにします。
　　└数値のいちばん小さいものだよ。

② 全体が<u>明るく見えるように</u>します。
　　└反射鏡やしぼりで調節するよ！

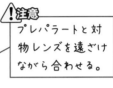

直射日光が
当たらない
明るい場所
で使ってね！

③ プレパラートをステージにのせます。

④ 対物レンズとプレパラートを
　できるだけ近づけます。

！注意
真横から見ながら
調節ねじを回す。
（ぶつからないように。）

⑤ <u>ピントを合わせ</u>ます。
　　└調節ねじを④と反対向きに回すよ！

！注意
プレパラートと対
物レンズを遠ざけ
ながら合わせる。

こうすれば,
対物レンズと
プレパラート
がぶつからな
いね！

⑥ 観察するものを中央に動かし,
　<u>高倍率</u>にして観察します。
　　└レボルバーを回して倍率を変えるよ。
　　　しぼりで明るさを調節しよう！

知ッテル？

水中の小さな生物

ミジンコ　　　　ミカヅキモ　　など

顕微鏡で観察
できるよ！

プラスワン
顕微鏡の倍率
接眼レンズの倍率
× 対物レンズの倍率

練習問題②　観察②について，次の問いに答えましょう。

(1) 次の**ア～カ**を，顕微鏡の正しい使い方の順に並べかえましょう。

　　（　　　→　　　　→　　　　→　　　　→　　　　→　　　　）

ア 観察するものを中央に動かし，高倍率にしてくわしく観察する。
イ 対物レンズをいちばん倍率の低いものにする。
ウ プレパラートをステージの上にのせる。
エ 接眼レンズをのぞきながら調節ねじを回して，ピントを合わせる。
オ 反射鏡やしぼりで調節して，全体が明るく見えるようにする。
カ 真横から見ながら，対物レンズとプレパラートをできるだけ近づける。

① 花のようす

花のつくり

春になってあたたかくなると，色とりどりの花が咲き始めますね。
花の内部はどのようになっているのでしょうか。

⭐ 花の中はどのようになっているの？

アブラナやツツジの花についているものを，外側から順にはずしてみましょう。

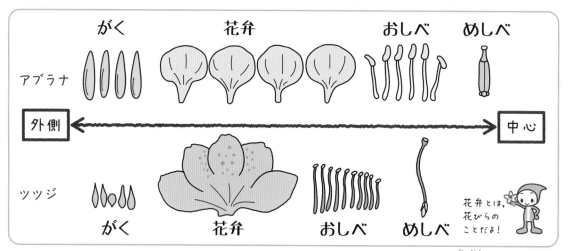

がく　　花弁　　おしべ　めしべ

アブラナ

外側　←————————————————→　中心

ツツジ

がく　　花弁　　おしべ　めしべ

花弁とは、花びらのことだよ！

花によって形や数はちがっていますが，めしべを中心に，おしべ，花弁(かべん)，がくの順についていることがわかります。

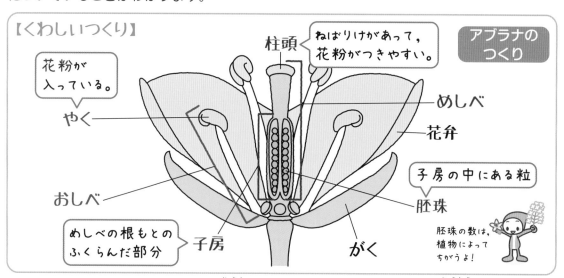

【くわしいつくり】

ねばりけがあって，花粉がつきやすい。

柱頭

花粉が入っている。

アブラナのつくり

やく

めしべ

花弁

おしべ

子房の中にある粒

胚珠

めしべの根もとのふくらんだ部分

子房

がく

胚珠の数は、植物によってちがうよ！

おしべの先を**やく**といい，中に花粉(かふん)が入っています。めしべの先を柱頭(ちゅうとう)，根もとのふくらんだ部分を子房(しぼう)といいます。子房の中には胚珠(はいしゅ)という粒(つぶ)があります。

→図のようなつくりではない花もあるよ。ヘチマもその１つで，おしべとめしべが別々の花についているんだ。

覚えておきたい用語

□①アブラナの花でいちばん外側にあるつくり。

□②おしべの先で，花粉が入っている部分。

□③めしべの先の部分。

□④めしべの根もとのふくらんだ部分。

□⑤子房の中にある粒。

練習問題

1 アブラナの花のつくりについて，次の問いに答えましょう。

(1) おしべ，めしべ，花弁，がくの４つのつくりを，花の中心についているものから順番に並べましょう。

（　　　　　→　　　　　→　　　　　→　　　　　）

(2) 右の図は，花のつくりを表しています。めしべのア，イの部分をそれぞれ何といいますか。

ア（　　　　　　　）

イ（　　　　　　　）

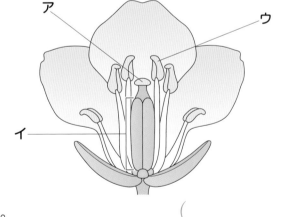

(3) めしべのイの中にある小さな粒を何といいますか。（　　　　　　　）

(4) おしべのウの中には何が入っていますか。（　　　　　　　）

まとめ　□花の中心から順に，めしべ，おしべ，花弁，がくがついている。

□くわしいつくり：めしべの柱頭，子房，胚珠，おしべのやく

② 果実ができる花

花の変化

花が散ってしまったあとには，種子ができていました。この種子たちはどのようにしてできるのでしょうか。

❶ 花では何が起こっているの？

おしべのやくの中には，花粉が入っています。この花粉は，虫や風などによって運ばれ，めしべの柱頭（ちゅうとう）につきます。このことを受粉（じゅふん）といいます。

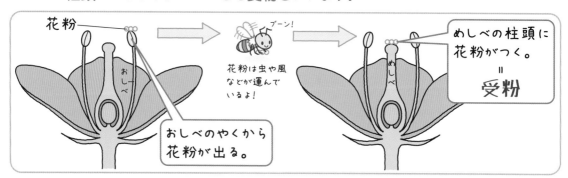

→風に飛ばされた花粉がヒトの体の中に入って，アレルギー反応が現れることがあるよ。花粉症（かふんしょう）とよばれているね。

❷ 受粉すると，どうなるの？

受粉すると，めしべの子房は成長して果実（かじつ）に，子房の中の胚珠は種子（しゅし）になります。

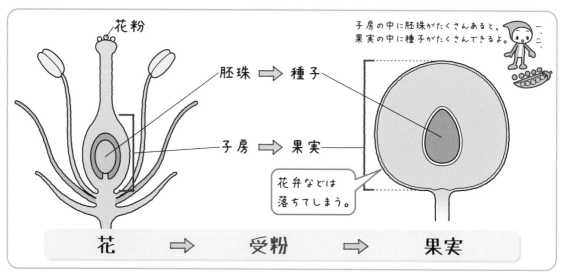

種子はその後，発芽し，次の世代の植物になります。アブラナやツツジのように，胚珠が子房の中にあって，果実と種子ができる植物を被子植物（ひししょくぶつ）といいます。

→花に集まる虫たちは，花のみつをもらいながら受粉を手伝っているんだ。

覚えておきたい用語

□①花粉がめしべの柱頭につくこと。

□②受粉すると，子房が成長してできるもの。

□③受粉すると，胚珠が成長してできるもの。

□④胚珠が子房の中にある植物のこと。

練習問題

1 右の図は，花のつくりを表しています。次の問いに答えましょう。

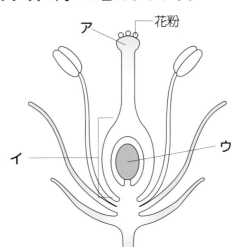

(1) 図のように花粉がつくことを何と
いいますか。（　　　　　）

(2) (1)で花粉がついた**ア**の部分を何と
いいますか。
（　　　　　）

(3) (1)が起こると，**イ**はやがて何にな
りますか。　（　　　　　）

(4) (1)が起こると，**ウ**はやがて何になりますか。　（　　　　　）

(5) アブラナやツツジのように，**ウ**が**イ**の中にある植物を何植物といいますか。
（　　　　　）

(6) 種子は発芽して，次の世代の植物になりますか。
（　　　　　）

まとめ
□受粉すると，やがて子房は果実に，胚珠は種子になる。
□胚珠が子房の中にあって，果実ができる植物を被子植物という。

③ 果実ができない花

> スギの花粉に悩（なや）まされている人がいますね。でも，スギの花弁は見かけません。花はないのに花粉が飛ぶのでしょうか。

⭐ 花弁がない花もあるの？

　マツの花には，雌花（めばな）と雄花（おばな）があります。雌花には胚珠（はいしゅ）が，雄花には花粉（かふん）のうがありますが，花弁やがくなどは見られません。

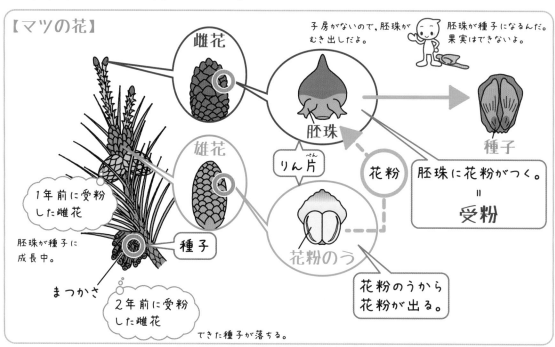

【マツの花】

雌花

子房がないので，胚珠がむき出しだよ。

胚珠が種子になるんだ。果実はできないよ。

胚珠

種子

胚珠に花粉がつく。
＝
受粉

雄花

りん片

花粉

1年前に受粉した雌花

胚珠が種子に成長中。

種子

花粉のう

まつかさ

2年前に受粉した雌花

花粉のうから花粉が出る。

できた種子が落ちる。

　マツでは，花粉のうから出た花粉が胚珠について受粉します。受粉すると，やがて胚珠は種子になります。

　マツのように，胚珠がむき出しの植物を裸子植物（らししょくぶつ）といいます。

　裸子植物と被子植物は種子をつくるので，まとめて種子植物（しゅししょくぶつ）とよばれます。

→スギも花を咲かせるよ。花粉症の原因は花粉のうからの大量の花粉なんだ。

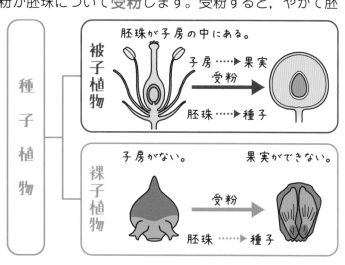

種子植物

被子植物

胚珠が子房の中にある。

子房 ……▶ 果実

受粉

胚珠 ……▶ 種子

裸子植物

子房がない。

果実ができない。

受粉

胚珠 ……▶ 種子

覚 えておきたい用語

□①マツの雄花にあり，花粉が入っている部分。

□②子房がなく，胚珠がむき出しの植物のこと。

□③花を咲かせ，種子をつくる植物のこと。

1　右の図は，マツの花のようすを表しています。次の問いに答えましょう。

(1)　図1のア，イは，それぞれ
雌花と雄花のどちらですか。

　　ア（　　　　　　　）
　　イ（　　　　　　　）

(2)　マツの花には花弁やがくが
ありますか。
　　　　　（　　　　　　　）

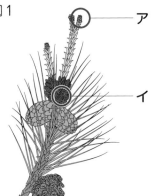

図1　ア　イ

図2　ウ　エ

(3)　図2は雌花と雄花のりん片を表しています。ウ，エの部分をそれぞれ何といいますか。　　　　　ウ（　　　　　　　）
　　　　　　　　　　　　　　　　　　　　　　　エ（　　　　　　　）

(4)　マツが受粉すると，ウはやがて何になりますか。　（　　　　　　　）

(5)　マツが受粉すると，果実はできますか。　（　　　　　　　）

(6)　マツのように，ウの部分がむき出しになっている植物を何植物といいますか。
　　　　　　　　　　　　　　　　　　　　　　　　（　　　　　　　）

まとめ　□子房がなく，胚珠がむき出しの植物を裸子植物という。
　　　　□被子植物と裸子植物をまとめて種子植物という。

④ いろいろな根や葉

根と葉のつくり

ダイコンの太い根やタマネギからの細い根など，いろんな根がありますね。植物によって根のようすはちがうのでしょうか。

1 根はどのような形をしているの？

被子植物には，発芽のときの子葉が1枚の**単子葉類**と2枚の**双子葉類**があります。単子葉類と双子葉類では，根のつくりがちがっています。

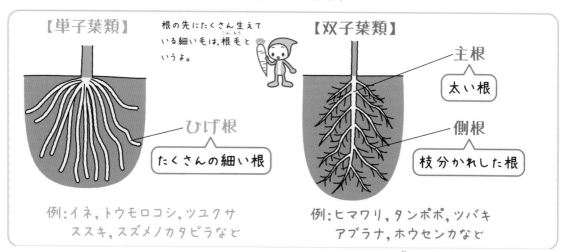

【単子葉類】
根の先にたくさん生えている細い毛は，根毛というよ。
【双子葉類】
主根
太い根
ひげ根
たくさんの細い根
側根
枝分かれした根
例：イネ，トウモロコシ，ツユクサ
ススキ，スズメノカタビラなど
例：ヒマワリ，タンポポ，ツバキ
アブラナ，ホウセンカなど

単子葉類では，細い根がたくさん出ています。この根を**ひげ根**といいます。

双子葉類では，太い根から細い根が枝分かれしてのびています。この太い根を**主根**，細い根を**側根**といいます。

→ダイコンやゴボウは主根の部分を食べているよ。タマネギから出ている根はひげ根だね。

2 葉のつくりもちがうの？

葉に見られるすじを**葉脈**といいます。

単子葉類の葉脈は平行になっていて，**平行脈**といいます。

双子葉類の葉脈は網の目のように広がっていて，**網状脈**といいます。

→根や葉のつくりで分類できるよ。

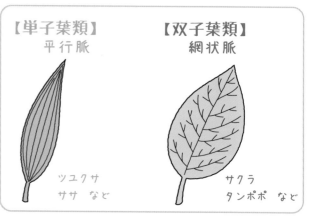

【単子葉類】
平行脈
【双子葉類】
網状脈
ツユクサ
ササ　など
サクラ
タンポポ　など

覚 えておきたい用語

□①双子葉類の根に見られる，太い根。

□②双子葉類の根に見られる，細い根。

□③単子葉類の根に見られる，たくさんの細い根。

□④双子葉類の葉に見られる，網の目のように広がる葉脈。

練習問題

1 　右の図1は根のつくりを，図2は葉のすじを表しています。次の問いに答えましょう。

(1) 図1で，ア～ウの根をそれぞれ何といいますか。

　　ア（　　　　　　）
　　イ（　　　　　　）
　　ウ（　　　　　　）

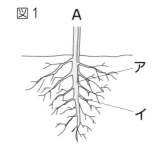
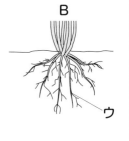

図1　A　　B

(2) 図1で，双子葉類の根のつくりを表しているのはA，Bのどちらですか。
（　　　　）

図2　エ　　オ

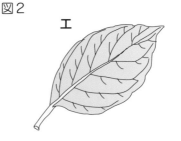

(3) 葉に見られるすじを何といいますか。（　　　　　　）

(4) 図2で，エ，オの形のすじをそれぞれ何といいますか。

　　エ（　　　　　　）
　　オ（　　　　　　）

まとめ　□単子葉類の根はひげ根，葉脈は平行脈である。
　　　　□双子葉類の根は主根と側根，葉派は網状脈である。

19

⑤ 種子ができない植物

種子をつくらない植物

山菜のゼンマイやワラビなどを食べたことがありますか。ゼンマイやワラビも花や種子をつくるのでしょうか。

★ 種子ができない植物があるの？

植物には，花を咲かせず，種子をつくらないものがあります。種子をつくらない植物には，シダ植物やコケ植物があります。

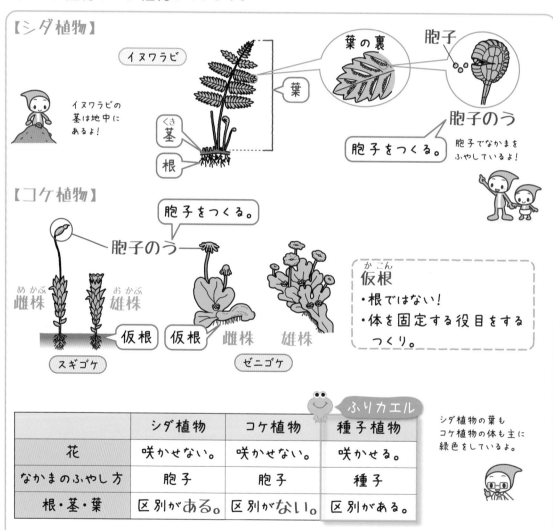

【シダ植物】 イヌワラビ　葉　葉の裏　胞子　胞子のう
イヌワラビの茎は地中にあるよ！　くき 茎　根　胞子をつくる。　胞子でなかまをふやしているよ！

【コケ植物】 胞子をつくる。　胞子のう
めかぶ 雌株　おかぶ 雄株　仮根　仮根　雌株　雄株　スギゴケ　ゼニゴケ

かこん 仮根
・根ではない！
・体を固定する役目をするつくり。

ふりカエル

シダ植物の葉もコケ植物の体も主に緑色をしているよ。

	シダ植物	コケ植物	種子植物
花	咲かせない。	咲かせない。	咲かせる。
なかまのふやし方	胞子	胞子	種子
根・茎・葉	区別がある。	区別がない。	区別がある。

シダ植物やコケ植物は，種子をつくりません。かわりに，ほうし 胞子のうでほうし 胞子をつくります。胞子は地面に落ちて発芽し，成長していきます。

→ゼンマイやワラビには，花も種子もなかったんだね。シダ植物のなかまなので，胞子でふえるよ。

覚 えておきたい用語

□①種子をつくらない植物で，根・茎・葉の区別がある植物。

　　　　　　　　　　　　　　　　　　（　　　　　　　　　　　）

□②種子をつくらない植物で，根・茎・葉の区別がない植物。

　　　　　　　　　　　　　　　　　　（　　　　　　　　　　　）

□③シダ植物やコケ植物が，なかまをふやすためにつくるもの。

　　　　　　　　　　　　　　　　　　（　　　　　　　　　　　）

練習問題

1　シダ植物やコケ植物について，次の問いに答えましょう。

(1)　右の図で，イヌワラビの葉の裏にあるAの中で，Bがつくられます。A，Bをそれぞれ何といいますか。

　　　A（　　　　　　　　　　　）
　　　B（　　　　　　　　　　　）

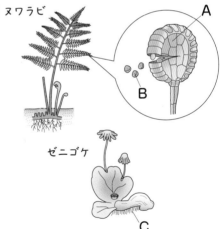

イヌワラビ

ゼニゴケ

(2)　ゼニゴケに見られるCを何といいますか。　（　　　　　　　　　　　）

(3)　シダ植物，コケ植物にあてはまる特徴を，それぞれ次のア～エからすべて選びましょう。

　　　シダ植物（　　　　　　　　　）　コケ植物（　　　　　　　　　）

ア　胞子でふえる。　　　　　　イ　種子でふえる。
ウ　根・茎・葉の区別がある。　エ　根・茎・葉の区別がない。

まとめ　□シダ植物やコケ植物は，胞子でなかまをふやす。
　　　　　□シダ植物には根・茎・葉の区別があるが，コケ植物にはない。

⑥ 植物の なかま分け

私たちのまわりにはたくさんの植物がありますね。これまでに学んだことを使って，なかま分けできるでしょうか。

⭐ 植物はどのようになかま分けできるの？

これまでに学習したいろいろな植物について，分類してみましょう。

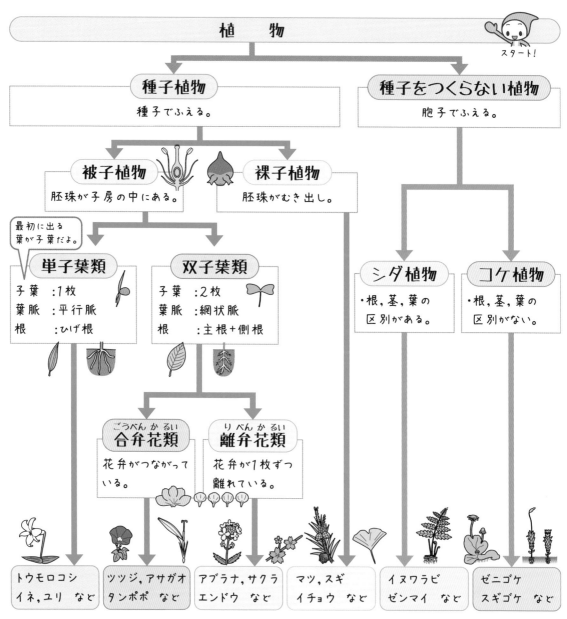

植物

スタート！

種子植物
種子でふえる。

種子をつくらない植物
胞子でふえる。

被子植物
胚珠が子房の中にある。

裸子植物
胚珠がむき出し。

最初に出る葉が子葉だよ。

単子葉類
子葉 ：1枚
葉脈 ：平行脈
根 ：ひげ根

双子葉類
子葉 ：2枚
葉脈 ：網状脈
根 ：主根＋側根

シダ植物
・根，茎，葉の区別がある。

コケ植物
・根，茎，葉の区別がない。

合弁花類（ごうべんかるい）
花弁がつながっている。

離弁花類（りべんかるい）
花弁が1枚ずつ離れている。

トウモロコシ イネ，ユリ など

ツツジ，アサガオ タンポポ など

アブラナ，サクラ エンドウ など

マツ，スギ イチョウ など

イヌワラビ ゼンマイ など

ゼニゴケ スギゴケ など

→この方法を使って，いろいろな植物を分類してみよう。

➡答えは別冊 p.4

覚 えておきたい用語

□①主根と側根をもつ被子植物のなかま。

□②平行脈とよばれる葉脈をもつ被子植物のなかま。

□③花弁がつながっている双子葉類のなかま。

□④花弁が1枚ずつ離れている双子葉類のなかま。

練習問題

1 いろいろな植物の分類について，あとの問いに答えましょう。

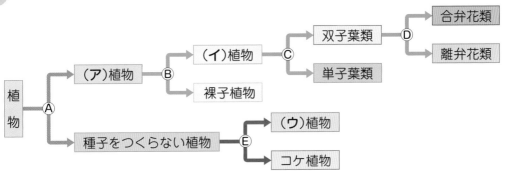

(1) ア～ウにあてはまる言葉を答えましょう。

ア（　　　　　）　　イ（　　　　　）　　ウ（　　　　　）

(2) 次の①～④の特徴で分けられるのは，図のⒶ～Ⓔのどの部分ですか。

① 胚珠がむき出しか，子房の中にあるか。　　　　　　　　（　　　）

② 根・茎・葉の区別があるか，ないか。　　　　　　　　　（　　　）

③ 子葉が1枚か，2枚か。　　　　　　　　　　　　　　　（　　　）

④ 種子でふえるか，胞子でふえるか。　　　　　　　　　　（　　　）

まとめ
□**被子植物**は，単子葉類と双子葉類に分けられる。
□**双子葉類**は，合弁花類と離弁花類に分けられる。

背骨のある動物

脊椎動物

> 私たちヒトは，動物の分類の中で何というなかまに分類されているのでしょうか。

⭐ 背骨のある動物のなかま分けは？

　背骨のある動物を**脊椎動物**といい，背骨のない動物を**無脊椎動物**といいます。脊椎動物は，**魚類**，**両生類**，**は虫類**，**鳥類**，**哺乳類**の5つに分類されます。

- ■ 呼吸の方法…えらで呼吸するものと，肺で呼吸するものがいる。
- ■ 子の生まれ方…卵を産む卵生と，ある程度育った子を生む胎生がある。
- ■ 体の表面のようす…うろこや羽毛，毛でおおわれたものがいる。
- ■ 生活場所…水中で生活するもの（多くはひれをもつ）と，陸上で生活するもの（多くはあしをもつ）がいる。

● 脊椎動物の分類

	魚類	両生類	は虫類	鳥類	哺乳類
呼吸の方法	えら	子はえらと皮膚 おとなは 肺と皮膚	肺	肺	肺
子の 生まれ方	卵生 （水中に産む）	卵生 （水中に産む）	卵生 （陸上に産む）	卵生 （陸上に産む）	胎生
体の表面 のようす	うろこ	湿った 皮膚	うろこ	羽毛	毛
生活場所	水中	子は水中 おとなは 主に水辺	主に陸上	主に陸上	主に陸上
どんな動物 がいるの？	メダカ，フナ イワシ，サケ など	カエル イモリ など	トカゲ，ヘビ ワニ，カメ など	ツバメ，ワシ ペンギン など	ヒト，ネズミ ウマ，イルカ ウサギ など

→ヒトは肺で呼吸して，子で生まれるよ。また，体には毛があるね。だから，哺乳類のなかまだよ！

➡答えは別冊 p.4

覚 えておきたい用語

□①背骨のある動物。

□②親が卵を産んで子がかえるような子の生まれ方。

□③子がある程度母親の体内で育ってから生まれるような子の生まれ方。

□④脊椎動物のうち，子はえらと皮膚，おとなは肺と皮膚で呼吸するなかま。

練習問題

1 下の図は，脊椎動物の5つのなかまの骨格です。あとの問いに答えましょう。

ア 　イ 　ウ 　エ 　オ

カエル　　　　ウサギ　　　　ハト　　　　トカゲ　　　　フナ

(1) ア～オのなかまは，それぞれ何類といいますか。

ア（　　　　　）　イ（　　　　　）　ウ（　　　　　）
エ（　　　　　）　オ（　　　　　）

(2) 次の①～③の特徴をもっているのは，ア～オのどのなかまですか。すべて答えましょう。

① 子がある程度母親の体内で育ってから生まれる。　（　　　　　）
② 一生えらで呼吸する。　（　　　　　）
③ 体の表面がうろこでおおわれている。　（　　　　　）

 まとめ　□背骨をもつ脊椎動物のなかまは，魚類，両生類，は虫類，鳥類，哺乳類の5つに分類される。

8 背骨のない動物

無脊椎動物

カブトムシやイカなどは背骨をもたない動物です。それぞれどんな特徴があるでしょう。

1 カブトムシのなかまを何というの?

カブトムシやザリガニなどの体は外骨格(がいこっかく)というかたい殻(から)でおおわれています。外骨格をもち，体やあしに節(ふし)のある無脊椎動物を節足動物(せっそくどうぶつ)といいます。

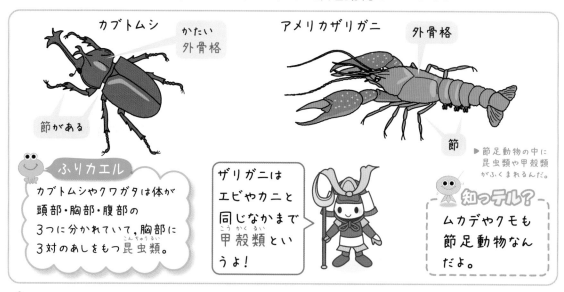

カブトムシ

かたい外骨格

節がある

アメリカザリガニ

外骨格

節

▶節足動物の中に昆虫類や甲殻類がふくまれるんだ。

ふりカエル

カブトムシやクワガタは体が頭部・胸部・腹部の3つに分かれていて，胸部に3対のあしをもつ昆虫類(こんちゅうるい)。

ザリガニはエビやカニと同じなかまで甲殻類(こうかくるい)というよ!

知ッテル?

ムカデやクモも節足動物なんだよ。

2 イカのなかまを何というの?

イカやタコ，アサリ，マイマイ(カタツムリ)は無脊椎動物のうちの軟体動物(なんたいどうぶつ)に分類されます。軟体動物の内臓は，外(がい)とう膜(まく)という膜でおおわれています。

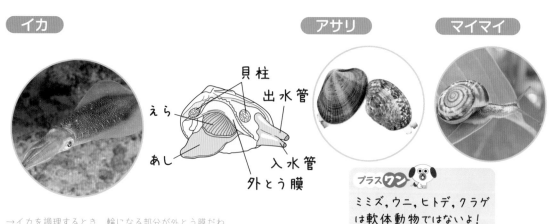

イカ

アサリ

マイマイ

貝柱

出水管

えら

あし

入水管

外とう膜

→イカを調理するとき，輪になる部分が外とう膜だね。

プラスワン

ミミズ，ウニ，ヒトデ，クラゲは軟体動物ではないよ!

覚 えておきたい用語

□①カブトムシやカニの体をおおうかたい殻。

□②外骨格をもち，体やあしに節をもつ動物のなかま。

□③イカ，マイマイなどのなかま。

□④軟体動物の内臓をおおう膜。

練習問題

1 右の図は，バッタとイカを表したものです。次の問いに答えましょう。

(1) バッタの体はかたい殻でおおわれています。この殻を何といいますか。
（　　　　　　）

(2) (1)の殻をもち，体やあしに節のあるなかまを何といいますか。（　　　　　　）

(3) イカのように，内臓が外とう膜におおわれているなかまを何といいますか。
（　　　　　　）

(4) 次のア～クのうち，(2)のなかまの動物と，(3)のなかまの動物をそれぞれすべて選びましょう。　　(2)のなかま（　　　　　）
(3)のなかま（　　　　　）

ア タコ　　イ ミミズ　　ウ クワガタ　　エ マイマイ
オ ウニ　　カ アサリ　　キ ザリガニ　　ク ムカデ

 まとめ
□外骨格をもち，体やあしに節がある動物を節足動物という。
□内臓が外とう膜におおわれた動物を軟体動物という。

9 動物のなかま分け

動物の分類

> 私たちのまわりには，たくさんの動物がいますね。これまでに
> 学んだことを使って，なかま分けできるでしょうか。

★ 動物はどのようになかま分けできるの？

これまでに学習したいろいろな動物について，分類してみましょう。

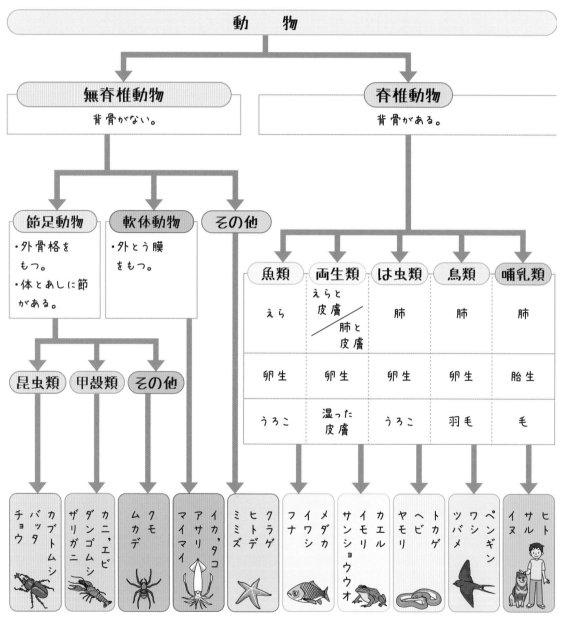

→この方法を使って，いろいろな動物を分類してみよう。

覚えておきたい用語

□①背骨のない動物。

□②節足動物のうち，バッタやチョウのなかま。

□③節足動物のうち，エビやカニのなかま。

□④脊椎動物のうち，ヒトやネズミのなかま。

練習問題

1 いろいろな動物の分類について，あとの問いに答えましょう。

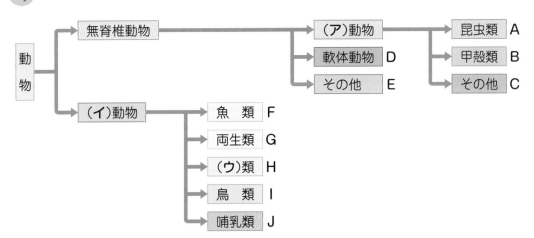

(1) ア～ウにあてはまる言葉を答えましょう。

ア（　　　　　）　　イ（　　　　　）　　ウ（　　　　　）

(2) 次の動物は，それぞれA～Jのどれに分類されますか。

① ペンギン　　（　　）　　② ダンゴムシ　（　　）

③ メダカ　　　（　　）　　④ クラゲ　　　（　　）

⑤ カニ　　　　（　　）　　⑥ カエル　　　（　　）

 □動物は，いろいろな特徴によって分類することができる。

まとめのテスト

➡答えは別冊 p.5

1 右の図は，アブラナとマツの花のつくりを模式的に表したものです。次の問いに答えなさい。
　　　　　　　　　　　　　　　　　　　4点×8（32点）

(1) 図の**ア～カ**の部分の名前を答えなさい。

ア（　　　　　　　　　　　）
イ（　　　　　　　　　　　）
ウ（　　　　　　　　　　　）
エ（　　　　　　　　　　　）
オ（　　　　　　　　　　　）
カ（　　　　　　　　　　　）

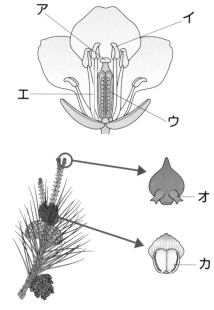

(2) 花粉が入っている部分を，図の**ア～カ**か
らすべて選びなさい。（　　　　　　　　）

(3) 受粉が起こるとやがて種子になる部分を，
図の**ア～カ**からすべて選びなさい。　　　　　（　　　　　　　　）

2 右の図は，植物の根のつくりを模式的に表したものです。次の問いに答えなさい。

4点×4（16点）

(1) 図1の**ア，イ**のような根をそれぞれ何といいますか。

ア（　　　　　　　　　　）
イ（　　　　　　　　　　）

図1　　　　　　図2

(2) 図2の**ウ**のような根を何といいますか。
（　　　　　　　　　　）

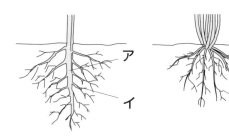

(3) 図1のような根をもつ植物の葉脈を調
べると，どのようになっていますか。次
の**ア～ウ**から選びなさい。
　　　　　　　　　　　（　　　　　　　　）

ア 平行脈になっている。　　　　　**イ** 網状脈になっている。
ウ 平行脈のものと網状脈のものがある。

3 いろいろな植物の分類について，あとの問いに答えなさい。

4点×7(28点)

```
植物 ─┬─ 種子植物 ─┬─ 被子植物 ─┬─ 双子葉類 ─┬─ 合弁花類 ア
      │            │            │            └─ 離弁花類 イ
      │            │            └─ 単子葉類 ウ
      │            └─ 裸子植物 エ
      └─ 種子をつくらない植物 ─┬─ シダ植物 オ
                              └─ コケ植物 カ
```

(1) 種子をつくらない植物は，種子のかわりに何をつくってなかまをふやしますか。

　　　　　　　　　　　　　　　　　　　　　　　（　　　　　　　　　　　）

(2) 次の①〜③の特徴は，図のア〜カのどのなかまにあてはまりますか。記号で答えなさい。また，その特徴をもつ植物を下の〔　〕から選びなさい。

① 平行脈とよばれる葉脈をもつ。　　　記号（　　　　　）　植物（　　　　　　）

② 根，茎，葉の区別がない。　　　　　記号（　　　　　）　植物（　　　　　　）

③ 花弁が1枚ずつ離れている。　　　　記号（　　　　　）　植物（　　　　　　）

〔　アブラナ　　イヌワラビ　　ゼニゴケ　　ツツジ　　マツ　　ユリ　〕

4 いろいろな動物の分類について，次の問いに答えなさい。

4点×6(24点)

(1) 卵生の脊椎動物を，次のア〜オからすべて選びなさい。　　（　　　　　　　）

　　ア 魚類　　イ 両生類　　ウ は虫類　　エ 鳥類　　オ 哺乳類

(2) 一生肺で呼吸する脊椎動物を，(1)のア〜オからすべて選びなさい。

　　　　　　　　　　　　　　　　　　　　　　　（　　　　　　　　　　　）

(3) 魚類の体の表面は，何でおおわれていますか。

　　　　　　　　　　　　　　　　　　　　　　　（　　　　　　　　　　　）

(4) 節足動物の体をおおう殻を何といいますか。

　　　　　　　　　　　　　　　　　　　　　　　（　　　　　　　　　　　）

(5) 節足動物のうち，エビやカニのなかまを何といいますか。

　　　　　　　　　　　　　　　　　　　　　　　（　　　　　　　　　　　）

(6) 軟体動物の内臓をおおう膜を何といいますか。

　　　　　　　　　　　　　　　　　　　　　　　（　　　　　　　　　　　）

特集 正しく観察しよう！

双眼実体顕微鏡の使い方

〈双眼実体顕微鏡（そうがんじったいけんびきょう）の構造〉

双眼実体顕微鏡は，ものを立体的に観察することができます。

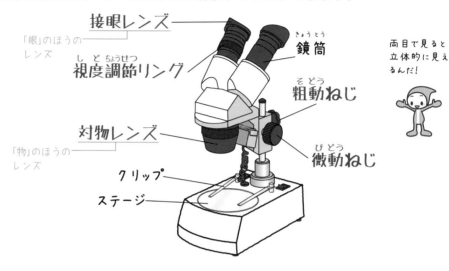

接眼レンズ

「眼」のほうのレンズ

鏡筒（きょうとう）

視度調節リング（しどちょうせつ）

粗動ねじ（そどう）

対物レンズ

「物」のほうのレンズ

微動ねじ（びどう）

クリップ

ステージ

両目で見ると立体的に見えるんだ！

直射日光の当たらない明るいところで使うよ。水平なところに置こう。

〈双眼実体顕微鏡を使ってみよう〉

① 鏡筒を調節して，左右の視野が重なって
1つに見えるようにします。

自分の目の幅と接眼レンズの幅を合わせるよ！

② 粗動ねじをゆるめて鏡筒を動かして
およそのピントを合わせます。

③ 右目でのぞきながら微動ねじを動かして
ピントを合わせます。

④ 左目でのぞきながら視度調節リングを
回して，ピントを合わせます。

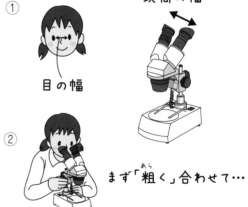

① 鏡筒の幅

目の幅

② まず「粗く」合わせて…（あら）

③ 右目バッチリ！

④ 左目もバッチリ！

身のまわりの 物質

2

この章では,
私たちの身のまわりにある
いろいろなものについて,
その性質などを学習します。

実験のページ　実験器具の使い方

➡答えは別冊 p.5

実験 ① メスシリンダーの使い方

メスシリンダーを使うと，液体の体積を調べることができます。

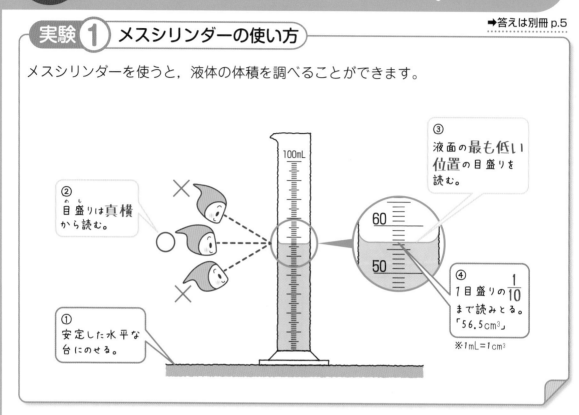

③ 液面の最も低い位置の目盛りを読む。

② 目盛りは真横から読む。

① 安定した水平な台にのせる。

④ 1目盛りの $\frac{1}{10}$ まで読みとる。「56.5cm³」

※1mL＝1cm³

練習問題 1　実験①について，次の問いに答えましょう。

(1) メスシリンダーはどのようなところに置いて使いますか。次のア〜ウから選びましょう。　　　　（　　　　　）

　ア　水平な台の上　　　イ　安定した，少し傾いている台の上
　ウ　不安定な台の上

(2) 右の図で，メスシリンダーの目盛りを読むときの正しい目の位置を，ア〜ウから選びましょう。（　　　　　）

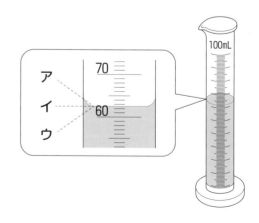

(3) 右の図で，メスシリンダーに入っている液体の体積は何cm³ですか。

　　　　　（　　　　　　　　　　）

実験② ガスバーナーの使い方

ガスバーナー

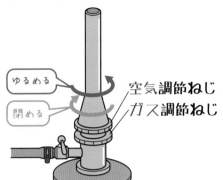

ゆるめる
閉める

空気調節ねじ
ガス調節ねじ

〈火をつけよう〉
①空気調節ねじとガス調節ねじを
　軽く閉めます。
②ガスの元栓を開きます。
③マッチに火をつけます。
④ガス調節ねじをゆるめ，
　火をつけます。
火はななめ下から近づけるよ。

マッチが先！
ガスはあとから！

〈炎を調節しよう〉
①ガス調節ねじを回して，炎の大きさを10cmくらいにします。
②ガス調節ねじをおさえながら，空気調節ねじを回し，青色の炎にします。

〈火を消そう〉
①空気調節ねじを閉め，②ガス調節ねじを閉め，③元栓を閉めます。
火をつけるときと逆の順番だね。

練習問題 2
実験②について，次の問いに答えましょう。

(1) ガス調節ねじは，A，Bのどちらですか。　　　　（　　　）

(2) 次のア～エを，ガスバーナーで火をつけるときの正し
　い操作の順に並べましょう。
　　　　（　　　→　　　→　　　→　　　）
　ア　ガスの元栓を開く。　　イ　Bをゆるめて火をつける。
　ウ　マッチに火をつける。　エ　AとBを軽く閉める。

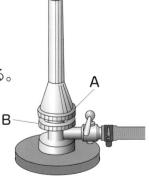
A
B

(3) ガスバーナーの炎は，何色になるように調節しますか。
　　　　　　　　　　（　　　）

10 砂糖と食塩のちがい

有機物と無機物

料理をしようとして，砂糖と塩がわからなくなったことはありませんか？味見以外に２つを見分ける方法はあるのでしょうか。

1 物質って何？

理科では，「物体」や「物質」という言葉をよく使います。

使う目的や見た目で区別したときのものを**物体**，材料で区別したときのものを**物質**といいます。

物体： コップ　　　缶

物質： ガラス　プラスチック　鉄（スチール缶）　アルミニウム

2 物質はどのようになかま分けできるの？

いろいろな物質は，その性質によって分類することができます。

食塩と砂糖を加熱してみましょう。食塩は燃えませんが，砂糖はこげた後に燃えて，二酸化炭素が発生します。これは，砂糖に炭素がふくまれているからです。

砂糖のように，炭素をふくむ物質を**有機物**，有機物以外の物質を**無機物**といいます。有機物の多くは，燃やすと二酸化炭素のほかに水も発生します。

物質　スタート！

燃えて二酸化炭素ができる？

はい。→ 有機物　砂糖　かたくり粉　プラスチック　エタノール

燃やすと二酸化炭素や水ができるよ。

いいえ。→ 無機物　食塩　鉄　ガラス　水

ちなみに，二酸化炭素は無機物なんだ。

ややこし~

→有機物は生物からつくられたものが多いよ。「有機」や「無機」という言葉のイメージに合っているかな？

覚 えておきたい用語

□①コップなど，見た目で区別したときのもののこと。　　　　[　　　　　]

□②ガラスなど，材料で区別したときのもののこと。　　　　[　　　　　]

□③炭素をふくみ，燃えて二酸化炭素が発生する物質。　　　[　　　　　]

□④有機物以外の物質。　　　　　　　　　　　　　　　　　[　　　　　]

練 習 問 題

1 下の図は，いろいろな物質を表しています。あとの問いに答えましょう。

ア　ろう

イ　食塩

ウ　砂糖

エ　ガラス

オ　鉄

カ　プラスチック

(1) ろうを燃やすと二酸化炭素が発生します。このように，燃えて二酸化炭素が発生する物質を，図のイ〜カからすべて選びましょう。

（　　　　　　　）

(2) ろうのように，炭素をふくんでいて，燃えて二酸化炭素が発生する物質のことを何といいますか。　　　　　　　　（　　　　　　　）

(3) (2)以外の物質のことを何といいますか。　　　（　　　　　　　）

まとめ
□有機物を燃やすと，二酸化炭素と水が発生する。
□有機物以外の物質を，無機物という。

11 金属の性質

スチール缶は磁石につくけれど、アルミ缶は磁石につきませんね。
すべての金属に共通している性質とは何なのでしょうか。

⭐ 金属にはどのような性質があるの？

金属とよばれる物質には共通の性質があります。

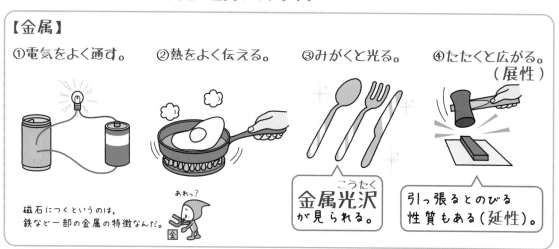

【金属】

①電気をよく通す。　②熱をよく伝える。　③みがくと光る。　④たたくと広がる。（展性）

磁石につくというのは、鉄など一部の金属の特徴なんだ。

あれっ？

金属光沢（こうたく）が見られる。

引っ張るとのびる性質もある（延性）。

　金属は、このすべての性質をもっています。金属以外の物質を非金属（ひきんぞく）といいます。いろいろな物質は、金属と非金属に分類できます。

→金属をみがいたときのかがやき（金属光沢）は、昔から鏡に利用されているよ。

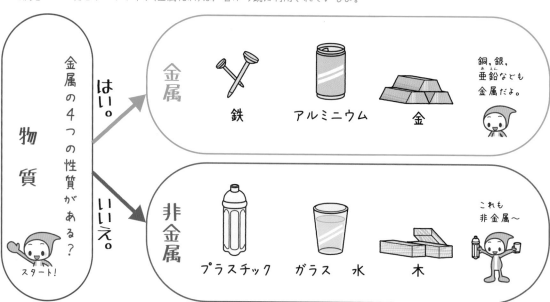

物質

金属の4つの性質がある？

スタート！

はい。

金属

鉄　アルミニウム　金

銅，銀，亜鉛なども金属だよ。

いいえ。

非金属

プラスチック　ガラス　水　木

これも非金属～

➡答えは別冊 p.5

覚 えておきたい用語

□①電気をよく通す，熱をよく伝える，みがくと光る，たたくと広がる，引っ

張るとのびるなどの共通の性質をもつ物質。

□②金属以外の物質。

練習問題

1 **金属の性質について，次の問いに答えましょう。**

(1) 次の**ア〜オ**の中で，金属に共通している性質をすべて選びましょう。

(　　　　　)

ア　電気をよく通す。　　　　イ　熱を通しにくい。
ウ　磁石につく。　　　　　　エ　たたくと広がる。
オ　引っ張るとのびる。

(2) 鉄のなべをみがくと，かがやきが出ました。
このかがやきのことを何といいますか。

(　　　　　　　　)

(3) 次の**ア〜エ**の中で，金属であるものを2つ選びましょう。

(　　　)(　　　)

ア　プラスチック　　イ　アルミニウム　　ウ　銀　　エ　木

(4) 金属以外の物質を何といいますか。　　　　(　　　　　　)

□金属には，電気をよく通すなどの共通の性質がある。
□金属以外の物質を非金属という。

12 ものの大きさと質量

密度

アルミホイルやダンベルなど，ものの形や重さはいろいろです。
ものが何でできているのかを知る方法はあるのでしょうか。

⭐ 大きさのちがう物質でも，見分けられるの？

gやkgの単位で表すものの量を，質量といいます（くわしくはp.90）。物質の体積１cm³あたりの質量を計算すると，その物質が何かを知ることができます。

例① 2cm³の物質の質量をはかると10gでした。この物質1cm³の質量は何g？

2cm³の質量が10gなので，1cm³の質量は　10÷2＝5〔g〕・・・答

物質１cm³の質量のことを，物質の**密度**（単位：g/cm³）といいます。密度は物質によって決まっているので，密度がわかれば，その物質が何かを知ることができます。

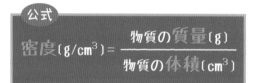

公式
$$密度〔g/cm^3〕＝\frac{物質の質量〔g〕}{物質の体積〔cm^3〕}$$

つまり・・・

密度 ＝ 質量 ÷ 体積
体積 ＝ 質量 ÷ 密度
質量 ＝ 密度 × 体積

例② 10cm³の物質の質量をはかると193gでした。この物質の密度は？

10cm³の質量が193gなので，密度（1cm³の質量）は，

① ＿＿＿＿〔g〕	÷	② ＿＿＿＿〔cm³〕	＝	③ ＿＿＿＿〔g/cm³〕・・・答
（質量）		（体積）		（密度）

物質の密度〔g/cm³〕

どれどれ？

金（20℃）	19.3	水（4℃）	1.0
銀（20℃）	10.5	氷（0℃）	0.92

プラスワン

水より密度が
小さいと，水
に浮くよ。

密度が19.3 g/cm³
ということは・・・
金だったんだね！

同じ体積で
比べると・・・

ふか〜

→「人口密度」「骨密度」などを聞いたことはあるかな？いろいろなところで密度の考え方が使われているよ。
　理科で使う「密度」を正しく理解しよう。

➡答えは別冊p.6

覚えておきたい用語・公式

□①物質１cm³あたりの質量のこと。 [　　　　　　　]

□②物質の密度〔g/cm³〕＝ $\dfrac{ア}{イ}$　　ア [　　　　　　　]
　　　　　　　　　　　　　　　　　　イ [　　　　　　　]

練習問題

1 下の図のような３つの物質があるとします。あとの問いに答えましょう。

ア　　　　　　　　　　　イ　　　　　　　　　　ウ

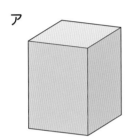 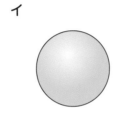 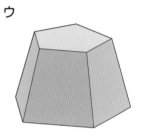

(1) アは，質量が100gで体積が25cm³です。アの密度は何g/cm³ですか。

(　　　　　　　　)

(2) イは，体積が5cm³で，密度が10g/cm³です。イの質量は何gですか。

(　　　　　　　　)

(3) ウは，密度が8g/cm³で，質量が160gです。ウの体積は何cm³ですか。

(　　　　　　　　)

(4) ア〜ウの物質のうち，1cm³あたりの質量が最も大きいのはどれですか。

(　　　　　　　　)

 こまったときのヒント

(1)25cm³の質量が100gなので，密度（1cm³の質量）は何g/cm³？　　(2)1cm³の質量が10gなので，5cm³分の質量は何g？　　(3)1cm³の質量が8gなので，160g分の体積は何cm³？

 まとめ □物質の密度〔g/cm³〕＝ $\dfrac{物質の質量〔g〕}{物質の体積〔cm³〕}$

〈左ページ例②の答え〉　①193　　②10　　③19.3

実験のページ 気体の集め方

➡答えは別冊 p.6

実験① 水にとけにくい気体の集め方

水にとけにくい気体は，水上置換法という方法で集めます。

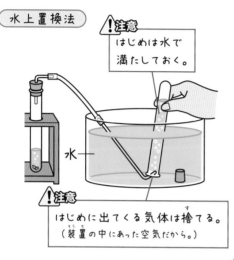

水上置換法

注意
はじめは水で
満たしておく。

水

注意
はじめに出てくる気体は捨てる。
（装置の中にあった空気だから。）

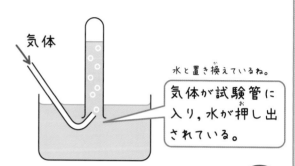

気体

水と置き換えているね。

気体が試験管に
入り，水が押し出
されている。

この方法だと，空気が混ざらないんだ。

水上置換法で集められる気体：酸素，窒素，水素，二酸化炭素　など

> 水にとけにくい気体は，水上置換法で集められる。

練習問題1

実験①について，次の問いに答えましょう。

(1) 右の図のような気体の集め方を何と
いいますか。

（　　　　　　　　　　　　）

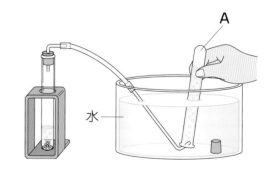

A

水

(2) この方法で集める気体は，水にとけ
やすいですか，とけにくいですか。

（　　　　　　　　　　　　）

(3) Aの試験管は，はじめにどのようにしておきますか。次のア，イから選びま
しょう。　　　　　　　　　　　　　　　　　　　　　（　　　　　）

ア　空気で満たしておく。　　　　　イ　水で満たしておく。

実験② 水にとけやすい気体の集め方

水上置換法では，水にとけやすい気体を集められません。
そこで，**下方置換法**（かほうちかんほう）や**上方置換法**（じょうほうちかんほう）という方法を使います。

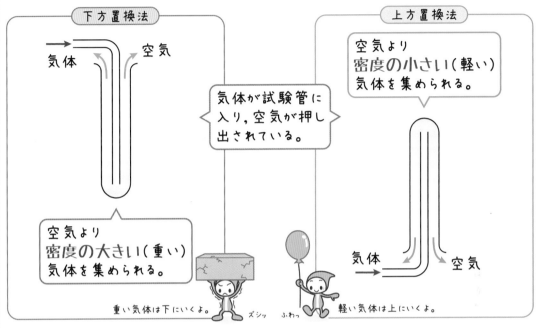

集められる気体：二酸化炭素　など

集められる気体：アンモニア　など

> **水にとけやすい**気体は，
> ・空気より密度が大きい（重い）→ 下方置換法
> ・空気より密度が小さい（軽い）→ 上方置換法　で集められる。

練習問題2　実験②について，次の問いに答えましょう。

(1) 水にとけやすくて，空気より密度が大きい気体は，どのように集めますか。
図のア〜ウから選びましょう。　　　　　　　　　　　（　　　　　）

ア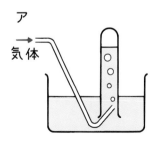　　イ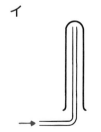　　ウ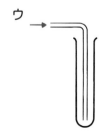

(2) 水にとけやすくて，空気より密度が小さい気体を集める方法を何といいますか。　　　　　　　　　　　　　　　（　　　　　）

13 酸素と二酸化炭素

気体①

> 地球上の酸素は，植物がつくり出してくれていますね。実験によって酸素をつくり，容器に集めることはできるのでしょうか。

1 酸素はどうやってつくるの？

二酸化マンガンにうすい過酸化水素水（オキシドール）を加えると，酸素が発生します。酸素は水にとけにくいので，水上置換法で集めます。

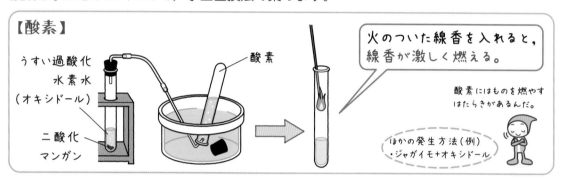

【酸素】

うすい過酸化水素水（オキシドール）
二酸化マンガン
酸素

火のついた線香を入れると，線香が激しく燃える。

酸素にはものを燃やすはたらきがあるんだ。

ほかの発生方法（例）
・ジャガイモ＋オキシドール

酸素にはものを燃やすはたらきがあるので，火のついた線香を入れると，線香が激しく燃えます。

→けがしたところに消毒液（オキシドール）をぬると，泡が出ることがあるよ。実はあの泡の正体は，酸素なんだ。

2 二酸化炭素はどうやってつくるの？

石灰石にうすい塩酸を加えると，二酸化炭素が発生します。二酸化炭素は水に少しとけ，空気よりも密度が大きいので，下方置換法で集めます。

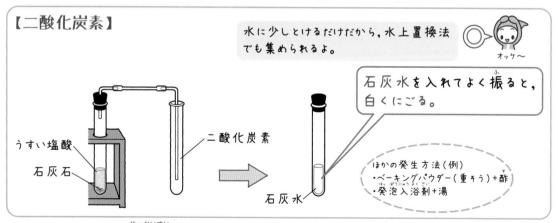

【二酸化炭素】

うすい塩酸
石灰石
二酸化炭素
石灰水

水に少しとけるだけだから，水上置換法でも集められるよ。
オッケ～

石灰水を入れてよく振ると，白くにごる。

ほかの発生方法（例）
・ベーキングパウダー（重そう）＋酢
・発泡入浴剤＋湯

二酸化炭素には，石灰水を白くにごらせる性質があります。

→炭酸水からは二酸化炭素の泡が出ているよ。入浴剤をお風呂に入れたときに出る泡も二酸化炭素なんだ。

➡答えは別冊 p.6

覚 えておきたい用語

□①ものを燃やすはたらきがある気体。

□②石灰水を白くにごらせる性質をもつ気体。

練 習 問 題

① 酸素と二酸化炭素について，次の問いに答えましょう。

図1

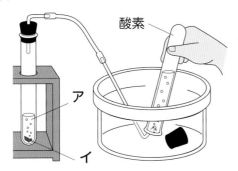

酸素

ア

イ

図2

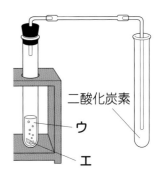

二酸化炭素

ウ

エ

(1) 図1の方法で，酸素を集めました。**ア，イ**はそれぞれ何ですか。下の〔 〕から選びましょう。

ア（　　　　　　　　　　　）　イ（　　　　　　　　　　　）

〔　うすい塩酸　　うすい過酸化水素水　　石灰石　　二酸化マンガン　〕

(2) 図2の方法で，二酸化炭素を集めました。**ウ，エ**はそれぞれ何ですか。(1)の〔 〕から選びましょう。

ウ（　　　　　　　　　　　）　エ（　　　　　　　　　　　）

(3) 火のついた線香を入れると線香が激しく燃えるのは，酸素と二酸化炭素のどちらを集めた試験管ですか。　　　　　　　　　　　（　　　　　　　　　）

□二酸化マンガンに過酸化水素水を加えると，酸素が発生する。

□石灰石にうすい塩酸を加えると，二酸化炭素が発生する。

⑭ 水素とアンモニア

気体②

燃料電池自動車に使われる水素や，肥料の原料になるアンモニア。
意外と身近なこれらの気体も，実験で集められるのでしょうか。

① 水素はどうやってつくるの？

亜鉛や鉄などの金属にうすい塩酸を加えると，水素が発生します。水素は水にとけにくいので，水上置換法で集めます。

【水素】

うすい塩酸

水素

亜鉛

ポン

火のついたマッチを近づけると，音を立てて燃えて，水ができる。

ほかの発生方法（例）
・鉄＋うすい塩酸

水素に火のついたマッチを近づけると，燃えて水ができます。

→水素は燃料電池自動車のほかにも，宇宙へ向かうロケットの燃料の1つとしても使われているよ。

② アンモニアはどうやってつくるの？

塩化アンモニウムと水酸化カルシウムを混ぜて加熱すると，アンモニアが発生します。
アンモニアは水にとてもとけやすく，空気より密度が小さいので，上方置換法で集めます。

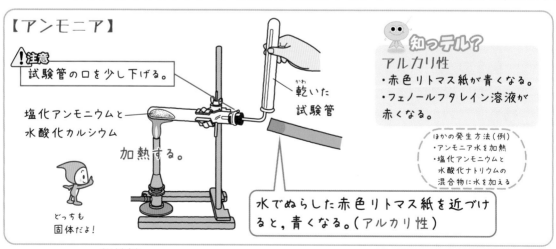

【アンモニア】

！注意
試験管の口を少し下げる。

塩化アンモニウムと
水酸化カルシウム

加熱する。

どっちも
固体だよ！

乾いた
試験管

知ッテル？
アルカリ性
・赤色リトマス紙が青くなる。
・フェノールフタレイン溶液が
赤くなる。

ほかの発生方法（例）
・アンモニア水を加熱
・塩化アンモニウムと
水酸化ナトリウムの
混合物に水を加える

水でぬらした赤色リトマス紙を近づけると，青くなる。（アルカリ性）

アンモニアの水溶液はアルカリ性なので，赤色リトマス紙の色を青くします。

→アンモニアは肥料の原料としてだけでなく，虫さされ薬などにも使われているんだ。

➡答えは別冊 p.6

覚 えておきたい用語

□①火のついたマッチを近づけると，音を立てて燃えて，水ができる気体。

［　　　　　　　　　　　　　　］

□②塩化アンモニウムと水酸化カルシウムを混ぜて熱すると発生する気体。

［　　　　　　　　　　　　　　］

練 習 問 題

1 水素とアンモニアについて，あとの問いに答えましょう。

図1

うすい塩酸

亜鉛

図2

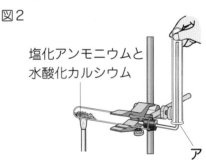

塩化アンモニウムと水酸化カルシウム

ア

(1) 図1，図2の方法で発生する気体はそれぞれ何ですか。

　　　図1（　　　　　　　　　　）　　図2（　　　　　　　　　　）

(2) 図2で，アの部分に水でぬらした赤色リトマス紙を近づけました。リトマス紙は何色になりますか。　　　　　　　　　　　　（　　　　　　　　　）

(3) 図1で集めた気体は，水にとけやすいですか，とけにくいですか。

　　　　　　　　　　　　　　　　　　　（　　　　　　　　　）

(4) 図2で集めた気体は，空気よりも密度が大きいですか，小さいですか。

　　　　　　　　　　　　　　　　　　　（　　　　　　　　　）

まとめ □亜鉛や鉄などの金属にうすい塩酸を加えると，水素が発生する。
□アンモニアは，水によくとけて，水溶液はアルカリ性を示す。

15 気体の性質

> ある漂白剤（ひょうはくざい）に「混ぜるな危険！塩素系」という表示がありました。
> 塩素にはどのような性質があるのでしょうか。

⭐ いろいろな気体の性質をまとめると？

いろいろな気体について，その性質をまとめてみましょう。

	色 におい	空気と比べた密度	水へのとけやすさ	集め方	その他
酸素	ない ない	少し 大きい	とけにくい	水上置換法	ものを燃やすはたらきがある。 空気中に約21％ふくまれる。
二酸化炭素	ない ない	大きい	少しとける	下方置換法 水上置換法	石灰水を白くにごらせる。 水溶液（炭酸水（たんさんすい））は酸性。 知ッテル？ 酸性 ・青色リトマス紙が赤くなる。
水素	ない ない	とても 小さい	とけにくい	水上置換法	空気中で音を立てて燃えて，水ができる。 ポン
アンモニア	ない 刺激臭（しげきしゅう）	小さい	とても とけやすい	上方置換法	水溶液はアルカリ性。
窒素（ちっそ）	ない ない	少し 小さい	とけにくい	水上置換法	空気中に約78％ふくまれる。 窒素
塩素（えんそ）	黄緑色 刺激臭	大きい	とけやすい	下方置換法	殺菌作用（さっきん），漂白作用（ひょうはく）がある。 水溶液は酸性。

物質の中でいちばん小さいよ。

プールの消毒にも使われるよ。

→塩素には漂白作用があるので，漂白剤に利用されているけれど，有害なんだ。漂白剤を使うときは，換気（かんき）をよくして，ほかの洗浄剤（せんじょうざい）などと混ぜないように気をつけよう。

覚 えておきたい用語

□①空気中に最も多くふくまれている気体。

□②殺菌作用がある，黄緑色の気体。

練習問題

1　酸素，二酸化炭素，水素，アンモニア，窒素，塩素の６つの気体の性質を調べました。次の問いに答えましょう。

(1) A，C，Eの気体は何ですか。それぞれ答えましょう。

A（　　　　　　　）
C（　　　　　　　）
E（　　　　　　　）

	色	におい	その他
A	黄緑色	刺激臭	水にとけやすい
B	ない	刺激臭	水にとけやすい
C	ない	ない	空気の約78%
D	ない	ない	空気の約21%
E	ない	ない	燃えて水ができる
F	ない	ない	水溶液は酸性

(2) Fの気体は，石灰水を何色ににごらせますか。

（　　　　　　　）

(3) 次の①～④の性質をもつ気体はA～Fのどれですか。

① 密度が空気と比べてとても小さく，水にとけにくい。　　　（　　　）

② ものを燃やすはたらきがある。　　　（　　　）

③ 上方置換法で集めることができ，水溶液はアルカリ性を示す。

（　　　）

④ 漂白作用のある気体。　　　（　　　）

 まとめ　□身のまわりにはいろいろな気体があり，それぞれにちがった性質がある。

16 ものがとけた液体

水溶液

私たちの身のまわりには，いろいろな液体がありますね。液体はすべて水溶液とよぶことができるのでしょうか。

1 水溶液ってどんな液？

食塩のことを塩化ナトリウムといいます。塩化ナトリウムを水にとかしてみましょう。

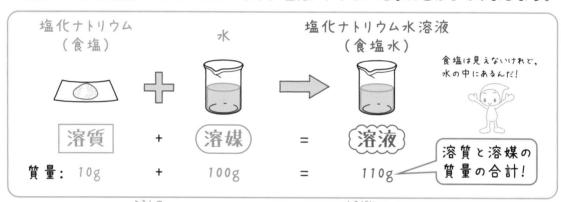

塩化ナトリウム（食塩）		水		塩化ナトリウム水溶液（食塩水）
溶質	+	溶媒	=	溶液
質量： 10g	+	100g	=	110g

食塩は見えないけれど，水の中にあるんだ！

溶質と溶媒の質量の合計！

とけている物質を溶質，溶質をとかしている液体を溶媒といい，溶質が溶媒にとけた液を溶液といいます。溶媒が水の溶液を特に水溶液といいます。

2 ものが水にとけると，どうなるの？

物質が水にとけて水溶液ができるようすを，粒子のモデルで表します。

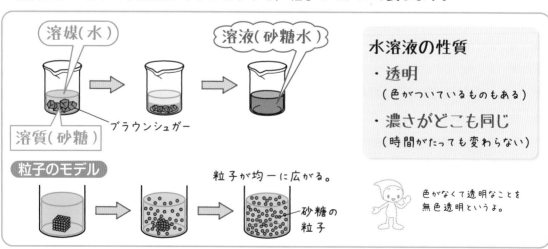

溶媒（水）　溶液（砂糖水）

ブラウンシュガー

溶質（砂糖）

粒子のモデル

粒子が均一に広がる。

砂糖の粒子

水溶液の性質

・透明
（色がついているものもある）

・濃さがどこも同じ
（時間がたっても変わらない）

色がなくて透明なことを無色透明というよ。

溶質の粒子は，ばらばらになって全体に広がっていきます。そのため，水溶液は透明で，どの部分の濃さも同じになっています。

→炭酸水は水に二酸化炭素がとけた水溶液だよ。でも，牛乳は水溶液じゃないんだ。透明じゃないでしょ？

➡答えは別冊 p.7

覚 えておきたい用語

□①液体にとけている物質。

□②物質をとかしている液体。

□③液体に物質がとけてできた液。

□④水に物質がとけてできた液。

練習問題

① 20gの砂糖を150gの水にとかしました。次の問いに答えましょう。

(1) このとき，溶質と溶媒は何ですか。

溶質（　　　　　　　）
溶媒（　　　　　　　）

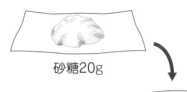

砂糖20g

(2) できた砂糖水の質量は何gですか。
（　　　　　　　）

(3) できた砂糖水の濃さについて，次のア〜ウから正しいものを選びましょう。　（　　　　）

水150g

ア 上のほうが濃い。　　イ 下のほうが濃い。　　ウ どの部分も同じ。

(4) 次のア〜エのうち，水溶液ではないものを選びましょう。　　（　　　　　　）

ア 砂糖水　　　　　　イ 食塩水
ウ 牛乳　　　　　　　エ 炭酸水

まとめ

□溶質を溶媒にとかした液を，溶液という。
□水溶液は透明で，どの部分の濃さも同じである。

17 水溶液の濃さ

濃度

塩味や甘味など，味の濃さは人によって感じ方がちがいますね。
水にとけたものの濃さを数値で表す方法はあるのでしょうか。

⭐ 水溶液の濃さはどのように求めるの？

水溶液の濃さは，溶質の質量が水溶液の質量の何％かで表します。この濃さのことを，質量パーセント濃度(単位：％)といいます。

公式

$$質量パーセント濃度〔\%〕= \frac{溶質の質量〔g〕}{溶液の質量〔g〕} \times 100$$

×100を忘れないように！

溶液＝溶質＋溶媒
だから…

$$質量パーセント濃度〔\%〕= \frac{溶質の質量〔g〕}{溶質の質量〔g〕＋溶媒の質量〔g〕} \times 100$$

と表すこともできるね！

**例① ** 20gの砂糖を180gの水にとかしました。できた砂糖水の質量パーセント濃度は何％？

溶質の質量が20g，溶媒の質量が180gなので，質量パーセント濃度は，

$$\frac{①\boxed{}〔g〕(溶質の質量)}{②\boxed{}〔g〕(溶質の質量)＋③\boxed{}〔g〕(溶媒の質量)} \times 100 = ④\boxed{}$$

→⑤\boxed{}％…答

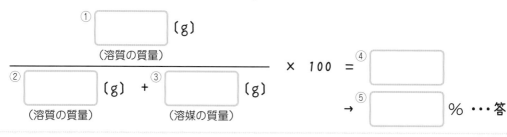

質量パーセント濃度は10％！

溶液200g　溶質20g　溶媒180g　100%　10%　90%

→色がついている水溶液の濃さの大小は，色の濃さのちがいで比べられることがあるよ。

覚 えておきたい用語・公式

□①溶質の質量が溶液の何%かで表した溶液の濃度。

ア ［　　　　　］

□②質量パーセント濃度〔%〕＝ $\dfrac{\boxed{\text{ア}}〔g〕}{\boxed{\text{イ}}〔g〕}$ ×100

イ ［　　　　　］

練習問題

1 いろいろな砂糖水をつくりました。あとの問いに答えましょう。

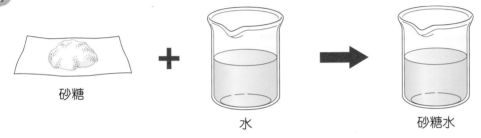

砂糖 ＋ 水 → 砂糖水

(1) 5gの砂糖を水にとかして100gの砂糖水をつくりました。この砂糖水の質量パーセント濃度は何%ですか。

（　　　　　　　）

(2) 20gの砂糖を80gの水にとかして，砂糖水をつくりました。この砂糖水の質量パーセント濃度は何%ですか。

（　　　　　　　）

(3) xgの砂糖を水にとかして，10%の砂糖水を100gつくりました。このとき，水にとかした砂糖の質量xは何gですか。

（　　　　　　　）

こまった ときの ヒント

(3)溶質xg，溶液100g，濃度10%なので，$\dfrac{x〔g〕}{100〔g〕}×100=10$　という式ができる。

まとめ □質量パーセント濃度〔%〕＝ $\dfrac{溶質の質量〔g〕}{溶液の質量〔g〕}$ ×100

18 水にとける量

溶解度

少しの水にたくさんの食塩をとかしたら，濃度が90％以上の，とても濃い食塩水をつくることができるのでしょうか。

❶ 塩化ナトリウムは何gでも水にとけるの？

塩化ナトリウム50gを100gの水にとかしてみると，全部はとけません。

この水溶液のように，それ以上とけない状態を飽和(ほうわ)しているといいます。

また，飽和している水溶液のことを飽和水溶液(ほうわすいようえき)といいます。

→飽和というのは，満杯(まんぱい)だということだね。もうそれ以上は受け入れられないんだ。

❷ どのくらいとかすと，飽和水溶液になるの？

100gの水に物質をとかして飽和水溶液をつくったときに，水にとけた物質の質量を溶解度(ようかいど)といいます。溶解度は，水の温度によって変化します。

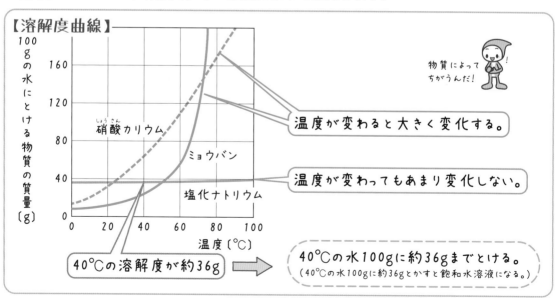

水の温度と溶解度の関係をグラフにしたものを，溶解度曲線(ようかいどきょくせん)といいます。

→食塩水の濃度は大きくても28％程度までなんだ。砂糖（ショ糖）水の濃度は80％近くまでになることもあるよ。

覚 えておきたい用語

□①物質を最大限までとかした状態の水溶液。

□②100gの水に最大限まで物質をとかしたときの，とけた物質の質量。

 練習問題

1 水の温度と100gの水にとける物質の最大限の質量の関係をグラフに表しました。次の問いに答えましょう。

(1) このようなグラフのことを何といいますか。
（ 　　　　　　　　　　　　　）

(2) 10℃の水100gには，塩化ナトリウムと硝酸カリウムのどちらがたくさんとけますか。
（ 　　　　　　　　　　　　　）

(3) 80℃の水100gに塩化ナトリウムは約何gとけますか。グラフにある数字で答えましょう。（ 　　　　）

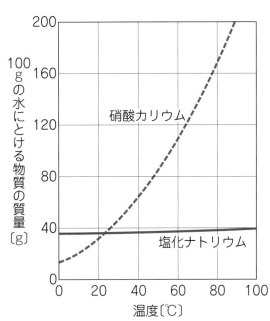

(4) 温度によって溶解度が大きく変化するのは，塩化ナトリウムと硝酸カリウムのどちらですか。
（ 　　　　　　　　　　　　　）

(5) 温度が変わっても溶解度があまり変化しないのは，塩化ナトリウムと硝酸カリウムのどちらですか。
（ 　　　　　　　　　　　　　）

まとめ
□物質を最大限までとかした水溶液を飽和水溶液という。
□水100gにとける物質の最大限の質量を溶解度という。

19 とけているもののとり出し方

結晶と再結晶

塩は，海水からとり出しているそうです。海水にとけている塩を
とり出すには，どうすればよいのでしょうか。

⭐ 水溶液にとけているものは，とり出せるの？

　水を蒸発させると，水溶液にとけている物質をとり出せます。温度によって溶解度が大きく変化する物質の場合は，水溶液を冷やすだけでとり出せます。

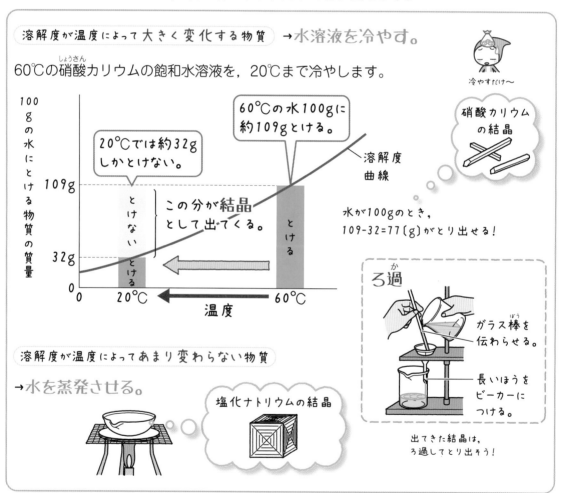

とり出した固体は，規則正しい形をしています。このような固体を結晶といいます。

　固体の物質を水にとかし，再び結晶としてとり出すことを再結晶といいます。再結晶を利用すると，物質をより純粋にできます。
→とけ残っていた物質は，あたためたり水をふやしたりするととけたね。再結晶ではその逆のことをしているんだ。

□①規則正しい形をした固体。

□②固体の物質を水にとかしてから，再び結晶としてとり出すこと。

練習問題

1 80℃の水100gに硝酸カリウムと塩化ナトリウムをとかし，それぞれの飽和水溶液をつくりました。次の問いに答えましょう。

(1) 80℃の水100gに硝酸カリウムをとかしてつくった飽和水溶液には，何gの硝酸カリウムがとけていますか。

（　　　　　　　　　）

100gの水にとける物質の質量

水の温度〔℃〕	硝酸カリウム〔g〕	塩化ナトリウム〔g〕
0	13.3	35.6
20	31.6	35.8
40	63.9	36.3
60	109.2	37.1
80	168.8	38.0
100	244.8	39.3

(2) (1)の水溶液を80℃から20℃まで冷やしました。何gの硝酸カリウムが結晶として出てきますか。

（　　　　　　　　　）

(3) 塩化ナトリウム水溶液から結晶をとり出すには，どのような方法を使いますか。

（　　　　　　　　　）

(4) 塩化ナトリウムの結晶を表しているのは，図のア，イのどちらですか。

（　　　　　　　　　）

ア

イ
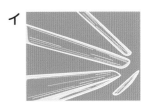

まとめ
□再結晶には，水溶液を冷やす方法や水溶液の水を蒸発させる方法がある。

20 もののすがたと体積

> ドライアイスを置いておくと，いつの間にか消えてなくなっていますね。ドライアイスに何が起きたのでしょうか。

1 もののすがたはどのように変わるの？

　物質をあたためたり冷やしたりすると，固体，液体，気体とすがたを変えます。このことを状態変化といいます。

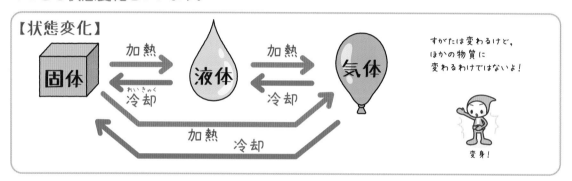

【状態変化】

すがたは変わるけど，ほかの物質に変わるわけではないよ！

変身！

→ドライアイスは二酸化炭素の固体だよ。あたためられると固体から直接気体になって，見えなくなるんだ。

2 もののすがたが変わると，どうなるの？

　物質の体積は，ふつう，あたためると大きくなり，冷やすと小さくなります。このとき，体積は変化しますが，質量は変化しません。粒子のモデルで表してみます。

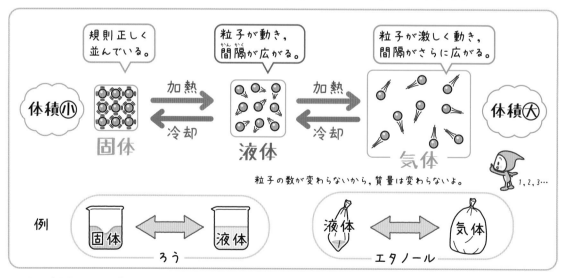

規則正しく並んでいる。

粒子が動き，間隔が広がる。

粒子が激しく動き，間隔がさらに広がる。

体積小　固体　加熱　冷却　液体　加熱　冷却　気体　体積大

粒子の数が変わらないから，質量は変わらないよ。

1, 2, 3…

例　固体 ⟷ 液体　ろう　液体 ⟷ 気体　エタノール

　水は例外で，固体（氷）から液体（水）になるとき，体積が小さくなります。

→氷がとけると体積は小さくなるから，コップいっぱいに入れられた氷水の氷がとけても水はあふれないんだね。

覚 えておきたい用語

□①液体があたためられてすがたを変えたもの。

□②液体が冷やされてすがたを変えたもの。

□③物質が固体，液体，気体とすがたを変えること。

練習問題

1 物質が状態変化したときのようすについて，あとの問いに答えましょう。

エタノール ろう

加熱 冷却

液体 気体 液体 固体

(1) 液体のエタノールをあたためて気体にしました。体積は大きくなりますか，小さくなりますか。 （ ）

(2) 液体のろうを冷やして固体にしました。体積は大きくなりますか，小さくなりますか。 （ ）

(3) 液体の水を冷やして固体(氷)にしました。体積は大きくなりますか，小さくなりますか。 （ ）

(4) 物質が状態変化したとき，物質の質量は変化しますか。
（ ）

□ふつう，固体→液体→気体と状態変化すると，体積が大きくなる。
□例外：氷が水に変化すると，体積が小さくなる。

21 すがたが変わるときの温度

状態変化②

ケーキに立てたろうそくに火をつけると，ろうがとけていきますね。ろうは何℃でとけるのでしょうか。

❶ 物質のすがたが変化するのは，何℃のとき？

物質を加熱したとき，固体から液体になる温度を融点（ゆうてん）といいます。また，液体が沸騰して気体になる温度を沸点（ふっとう）といいます。

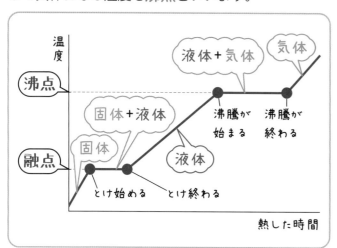

物質の融点・沸点

	融点〔℃〕	沸点〔℃〕
水	0	100
エタノール	-115	78
酸素	-218	-183
塩化ナトリウム	801	1413
鉄	1535	2750

物質の量は融点や沸点に関係ないよ。

1種類の物質でできている純粋（じゅんすい）な物質では，物質によって融点や沸点が決まっていて，状態が変化している間は温度が変化しません。

→もともとは，水が氷になる温度を0℃，水蒸気になる温度を100℃として温度（℃）を決めたんだ。

❷ 純粋な物質ではない場合は？

空気や砂糖水など，いくつかの物質が混ざったものを混合物（こんごうぶつ）といいます。

混合物は，融点や沸点が決まっていません。

また，状態が変化している間も温度が変化します。

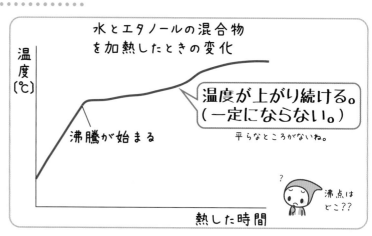

水とエタノールの混合物を加熱したときの変化

温度が上がり続ける。（一定にならない。）

平らなところがないね。

沸騰が始まる

沸点はどこ??

→ろうは混合物だから，とける温度が決まっていないんだ。だいたい50～60℃でとけるみたいだよ。

60

➡答えは別冊 p.8

覚えておきたい用語

□①固体がとけて液体になる温度。

□②液体が沸騰して気体になる温度。

□③１種類の物質でできているもの。

□④いくつかの物質が混ざってできているもの。

練習問題

1 氷を加熱していったときの温度の変化を調べ，グラフにしました。次の問い
に答えましょう。

(1) A，Bの温度のことを何と
いいますか。

A（　　　　　　　）
B（　　　　　　　）

(2) 純粋な物質の温度の変化に
ついて，次の**ア**〜**ウ**から正し
いものを選びましょう。

（　　　　）

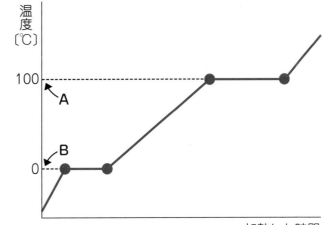

温度〔℃〕

100 ← A

0 ← B

加熱した時間

ア 物質の種類によってAやBの温度が決まっている。

イ 物質の量によってAやBの温度が変化する。

ウ 状態が変化している間も，温度が変化する。

(3) 混合物を加熱しました。状態が変化している間，温度は変化しますか，一定
ですか。　　　　　　　　　　（　　　　　　　　　　　　　　　）

まとめ

□物質がとける温度を融点，沸騰する温度を沸点という。
□純粋な物質は，状態が変化している間の温度が一定。

22 混ざった液体の分け方

蒸留

フライパンの具材にワインを注ぎ，点火！という料理法があります。どうして水分が多いワインに火がつくのでしょうか。

⭐ 液体の混合物を分けとるには，どうすればいいの？

液体どうしの混合物を分けるときには，沸点のちがいを利用します。

水とエタノールを分けとる実験

実験方法 下のような装置を使って，水とエタノールの混合物を加熱します。

└ 物質が混ざり合ったもの

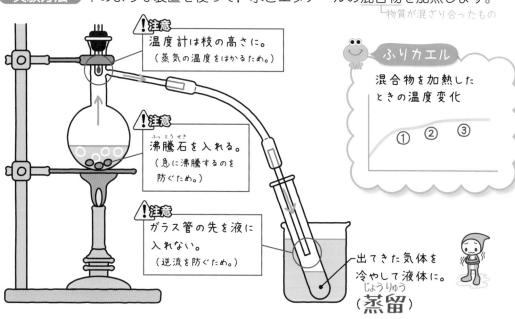

！注意
温度計は枝の高さに。
（蒸気の温度をはかるため。）

！注意
沸騰石を入れる。
（急に沸騰するのを防ぐため。）

！注意
ガラス管の先を液に入れない。
（逆流を防ぐため。）

ふりカエル
混合物を加熱したときの温度変化
① ② ③

出てきた気体を冷やして液体に。
（蒸留）

実験結果 試験管には，次の順で集まります。

①エタノールの多い液体 → 燃える！！

②エタノールと水が混ざった液体

③水の多い液体 → 燃えない。

沸点の低いエタノールが先に出てきやすい。

液体を沸騰させ，出てきた気体を冷やして再び液体にする方法を蒸留といいます。
蒸留を利用すると，沸点のちがいによって液体を分けとることができます。

→フライパンにワインを注いで熱すると，ワインの中の水分よりアルコール分のほうが先に出てくるよ。このアルコール分に火をつけて調理していたんだね。

➡答えは別冊 p.8

覚 えておきたい用語

□①純粋な物質が混ざり合っているもの。

□②液体を沸騰させ，出てきた気体を冷やして再び液体にする方法のこと。

練習問題

1 図のようにして，水とエタノールの混合物を熱しました。次の問いに答えましょう。

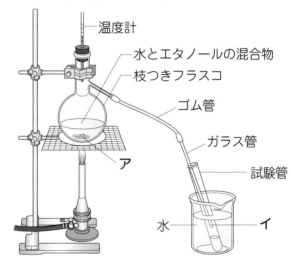

温度計
水とエタノールの混合物
枝つきフラスコ
ゴム管
ガラス管
試験管
水
ア
イ

(1) 急に沸騰するのを防ぐために，枝つきフラスコに入れた**ア**を何といいますか。

（　　　　　　　　）

(2) **イ**のガラス管の先は，たまった液体に入れますか，入れないですか。

（　　　　　　　　）

(3) はじめに集められた液体には火がつきました。水とエタノールのどちらが多くふくまれていますか。　　　　　　（　　　　　　　　）

(4) この実験のように，液体を沸騰させて，出てきた気体を冷やして液体にもどして集める方法を何といいますか。　　　　（　　　　　　　　）

(5) この装置では，それぞれの液体がもつ何のちがいを利用して，混合物を分けていますか。　　　　　　　　（　　　　　　　　）

 まとめ
□液体どうしの混合物は，沸点のちがいを利用した蒸留によって，それぞれの物質に分けられる。

まとめのテスト

→答えは別冊 p.9

1 物質の性質について，次の問いに答えなさい。 5点×4（20点）

(1) 食塩，砂糖，かたくり粉の中で，燃やすと二酸化炭素が発生するものはどれですか。すべて選びなさい。

　　（　　　　　　　　　　　　）

食塩　　　かたくり粉

砂糖

(2) 炭素をふくみ，燃やすと二酸化炭素が発生する物質のことを何といいますか。

　　（　　　　　　　　　　　　）

金属	密度〔g/cm³〕
金	19.3
銀	10.5
銅	8.96
鉄	7.87
アルミニウム	2.70

(3) ある金属を調べたら，体積が30cm³，質量が81gでした。この金属の密度を求めなさい。　　（　　　　　　　　　　　　）

(4) (3)の金属は何ですか。表を参考にして答えなさい。　　（　　　　　　　　　　　　）

2 下の表は，いろいろな気体の性質について調べたものです。あとの問いに答えなさい。

5点×7（35点）

気体	集め方	性質など
酸素	水上置換法	ものを　ア　はたらきがある。
二酸化炭素	下方置換法 水上置換法	イ　を白くにごらせる。
水素	水上置換法	密度が最も　ウ　物質。燃えて　エ　ができる。
アンモニア	オ　置換法	水によくとけ，水溶液は　カ　性。

(1) 表のア～カにあてはまる言葉を答えなさい。

　ア（　　　　　　　）　　イ（　　　　　　　）　　ウ（　　　　　　　）

　エ（　　　　　　　）　　オ（　　　　　　　）　　カ（　　　　　　　）

(2) 表の中で，刺激臭がある気体はどれですか。　　（　　　　　　　　　　　　）

3 硝酸カリウム80gを60℃の水120gにとかし，硝酸カリウム水溶液をつくりました。次の問いに答えなさい。

5点×3(15点)

(1) 硝酸カリウムが水にとけた後の ようすを粒子のモデルで表すと，どのようになりますか。とける前の図を参考にして，右の図にかきなさい。

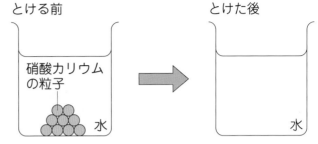

とける前

硝酸カリウムの粒子
水

とけた後

水

(2) できた硝酸カリウム水溶液の質量パーセント濃度を求めなさい。

(　　　　　　　)

(3) できた60℃の水溶液を冷やし，硝酸カリウムの結晶をとり出しました。このようにして結晶をとり出すことを何といいますか。
(　　　　　　　)

4 下のグラフは氷を加熱し，そのときの温度の変化を調べたものです。あとの問いに答えなさい。

6点×5(30点)

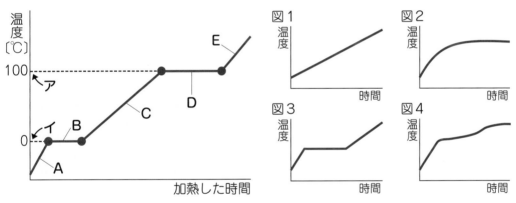

(1) ア，イの温度のことをそれぞれ何といいますか。

ア(　　　　　　　)　　イ(　　　　　　　)

(2) 液体(水)が気体(水蒸気)に変化しているのは，A～Eのどのときですか。

(　　　　　　　)

(3) 氷から水になるとき，体積は大きくなりますか，小さくなりますか。

(　　　　　　　)

(4) 水とエタノールの混合物を加熱すると，やがて沸騰し始めました。このときの温度の変化を表したグラフを，図1～4から選びなさい。

(　　　　　　　)

特集 実験器具を正しく使おう！

電子てんびんの使い方

〈20gの薬品をはかりとろう〉

①水平なところに置く。

②電源を入れる。

③薬包紙をのせてから
表示を0gにする。

④20gになるまで，
少しずつ薬品をのせる。

└ 薬包紙の質量を考えないようにするためだよ。

上皿てんびんの使い方

〈20gの薬品をはかりとろう〉

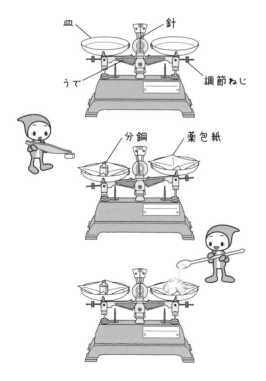

①水平なところに置く。

②針が左右に等しく振れるようにする。

調節ねじで調節しよう。

③左の皿に20gの分銅と薬包紙をのせる。

④右の皿に薬包紙をのせる。

左利きの場合は，左右を逆にしよう。

⑤針が左右に等しく振れるまで，右の
皿に少しずつ薬品をのせる。

光・音・力

3

この章では，
光の進み方，音の性質，
力のはたらきなどについて
学習します。

23 光の進み方

夜道は暗くて危険ですね。街灯がないと，何も見えません。街灯の光は，どのように進んで夜道を照らしているのでしょうか。

1 光はどのように進むの？

太陽や電灯，ろうそくの炎など，自ら光を出しているものを光源といいます。

光源からの光は直進します。この光が目に届き，光源が見えます。

光源からの光は，物体に当たると反射します。反射した光が目に届き，ものが見えます。

→光はものに当たると反射しちゃうから，ものの後ろ側には光が届かないんだよ。

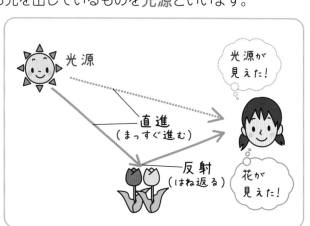

2 光の反射のしかたに決まりはあるの？

平らな鏡を使って，光の反射のしかたを調べます。

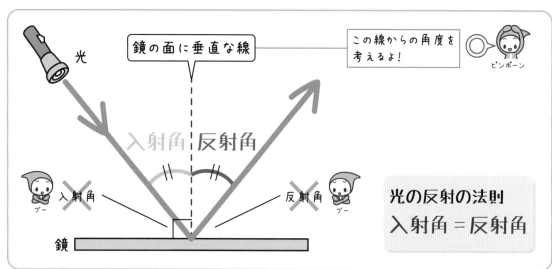

光の反射の法則
入射角 = 反射角

鏡の面に垂直な線と鏡に入る光との間の角を入射角，反射した光との間の角を反射角といいます。入射角と反射角は必ず同じです。これを光の反射の法則といいます。

→光の反射のしかたは，壁にボールを当てたときのはね返り方とよく似ているよ。

68

覚 えておきたい用語

□①自ら光を出しているもの。太陽や電灯など。

□②光がまっすぐ進むこと。

□③光が物体に当たってはね返ること。

□④鏡の面に垂直な線と鏡に入る光との間の角。

□⑤鏡の面に垂直な線と鏡で反射した光との間の角。

練習問題

1 図は、光が鏡に当たってはね返るようすです。次の問いに答えましょう。

(1) 右の図で、入射角と反射角を
表しているのは**ア**～**エ**のどれで
すか。　　入射角（　　　　）
　　　　　　反射角（　　　　）

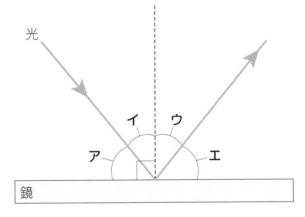

(2) 入射角と反射角の関係を、次
の①～③から選びましょう。
　　　　　　　　　（　　　　）

①入射角＝反射角　　　②入射角＞反射角　　　③入射角＜反射角

(3) (2)のようになることを何の法則といいますか。
　　　　　　　　　　　　　　　　（　　　　　　　　　　　　　）

(4) (3)の法則は、どの角度から光を当てても成り立ちますか。
　　　　　　　　　　　　　　　　（　　　　　　　　　　　　　）

まとめ
□光源からの光は直進して、物体に当たると反射する。
□光の反射では、必ず 入射角＝反射角 となる。((光の)反射の法則)

24 鏡に映ったもの

鏡の像

近くに姿見（すがたみ）がなかったので，小さな鏡に全身を映そうとしました。
鏡に映って見えるとはどのような状況なのでしょうか。

❶ 鏡に映っているものは何？

物体で反射した光が鏡で反射して
目に届くと，鏡の向こう側に物体が
あるように映って見えます。

実際には，鏡の向こう側に物体は
ありません。鏡に映って見えるもの
を像（ぞう）といいます。

❷ 像はどのように見えるの？

鏡に映る像は，目に届く光の道筋をまっすぐ逆にたどった先（鏡の向こう側）にあるよう
に見えます。

次の方法で，像の位置と光の進み方を作図することができます。

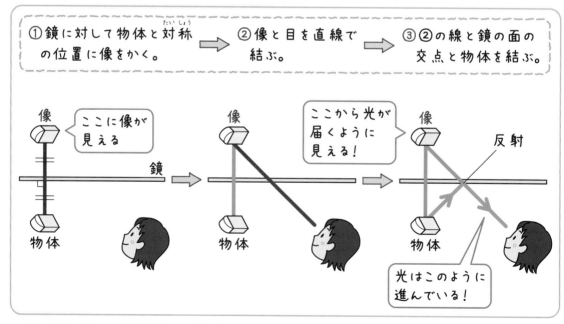

①鏡に対して物体と対称（たいしょう）の位置に像をかく。 ➡ ②像と目を直線で結ぶ。 ➡ ③②の線と鏡の面の交点と物体を結ぶ。

→身長の半分の大きさの鏡があれば，全身を映すことができるよ。

70

覚 えておきたい用語

□①鏡に映って見えるもののこと。

練習問題

1 鏡を使ったときの物体の見え方について，あとの問いに答えましょう。

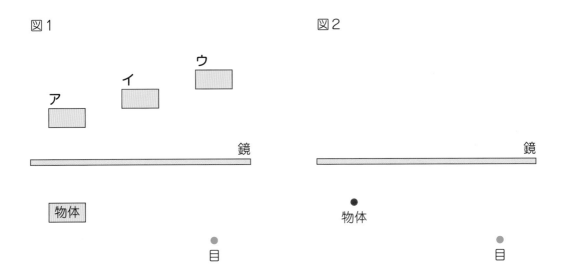

図1

図2

(1) 図1のように，鏡の前に物体を置いて，●の位置からのぞきました。物体は
どこにあるように見えますか。図1の**ア**～**ウ**から選びましょう。

（　　　　　）

(2) (1)で，実際には鏡の向こう側に物体はありません。このように，鏡に映って
見えるもののことを何といいますか。　　　　　（　　　　　）

(3) 図2の位置に鏡と物体があるとき，物体(●)からの光が目(●)まで届く進み
方を図2にかきましょう。ただし，作図に使った線は消さないようにしましょう。

 □物体からの光が鏡で反射して目に届くと，鏡の奥に物体の像が
見える。

25 曲がる光

光の屈折

ストローを水に入れると，途中でずれたように見えますね。まっすぐなストローがずれて見えるのはなぜでしょうか。

1 空気中から水中へ進む光はどうなるの？

光は，ちがう種類の物質へ進むとき，その境界面で曲がります。これを光の屈折といいます。

境界面に垂直な線と入る光との間の角を入射角，屈折した光との角を屈折角といいます。

空気中から水中へ光が進むとき，屈折角は入射角よりも小さくなります。
→境界面に垂直に入った光は，屈折しないよ。

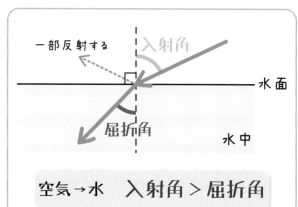

空気→水　入射角＞屈折角

2 水中から空気中へ進む光はどうなるの？

水中から空気中へ光が進むとき，屈折角は入射角よりも大きくなります。入射角がある大きさ以上になると，光は屈折せずにすべて反射します。これを全反射といいます。

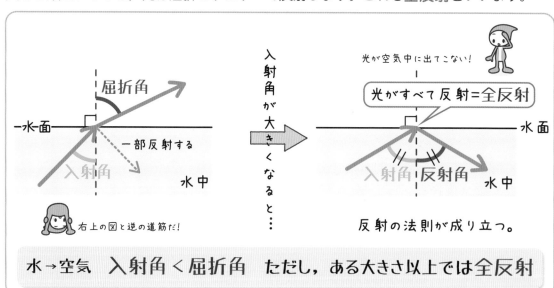

水→空気　入射角＜屈折角　ただし，ある大きさ以上では全反射

→光が水中から空気中に進むときに屈折するので，水やガラス越しに見るとずれていることが多いよ。

覚 えておきたい用語

□①境界面に垂直な線と入る光との間の角。

□②境界面に垂直な線と屈折した光との間の角。

□③光が水中から空気中へ進むとき，境界面で屈折せずにすべて反射すること。

 練習問題

1 　光が空気中から水中，水中から空気中に進むときのようすについて，次の問いに答えましょう。

(1) 図1で，光の道筋として最もよいのはア〜エのどれですか。
（　　　　）

図1

(2) 図1で，入射角と屈折角ではどちらが大きいですか。
（　　　　）

(3) 図2で，光の道筋として最もよいのはア〜エのどれですか。
（　　　　）

図2

(4) 図2の入射角を大きくすると，光が水面ですべて反射しました。この現象を何といいますか。
（　　　　）

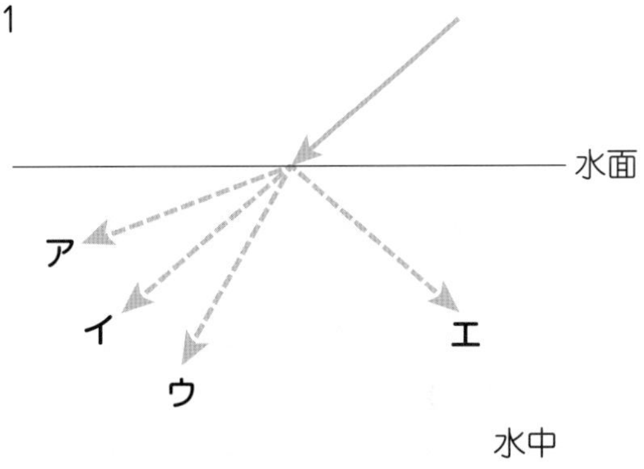

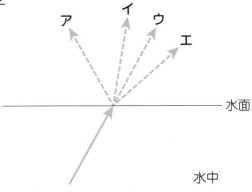

まとめ
□空気中から水中へ…入射角＞屈折角
□水中から空気中へ…入射角＜屈折角（または，全反射）

㉖ 凸レンズを通る光

凸レンズのしくみ

虫眼鏡は中心部分がふくらんでいます。望遠鏡や顕微鏡にも使われるこの形のレンズには，どのような特徴があるのでしょうか。

❶ 凸レンズって何？

虫眼鏡のレンズのように，中心がふくらんだレンズを凸レンズといいます。

右の図のように平行な光を凸レンズに当てると，屈折して1点に集まります。この点を凸レンズの焦点といいます。

凸レンズの中心から焦点までの距離を，焦点距離といいます。

→虫眼鏡で日光を集められたね。焦点に集まったんだよ。

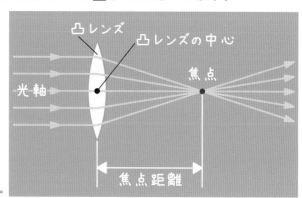

❷ 凸レンズを通った光は，どのように進むの？

光は，凸レンズを通った後，次のように進みます。

①光軸に平行な光は，焦点を通る。

②凸レンズの中心を通る光は，そのまま直進。

③焦点を通った光は，光軸に平行に進む。

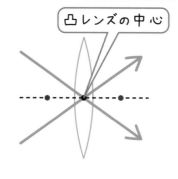

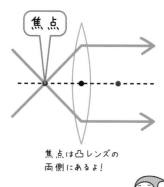

焦点は凸レンズの両側にあるよ！

実際はレンズに入るときと出るときの2回屈折するけれど，レンズの中央で1回だけ屈折させてかくよ！

→望遠鏡で遠くのものが見えるのも，顕微鏡で小さなものが見えるのも，凸レンズで光を屈折させているからなんだ。

「わからないをわかるにかえる」をお買い上げいただき、ありがとうございました。今後のよりよい本づくりのため、裏にありますアンケートにお答えくださいるる方々えられる方へ。

アンケートにご協力くださった方の中から、抽選で（年2回）、**図書カード1000円分**をさしあげます。（当選者は、ご住所の都道府県名とお名前を文理ホームページ上で発表させていただきます。）なお、このアンケートで得た情報は、ほかのことには使用いたしません。

《はがきで送られる方》

① 左のはがきの下のらんに、お名前など必要事項をお書きください。
② 裏にあるアンケートの回答を、右にある回答記入らんにお書きください。
③ 点線にそってはがきを切り離し、お手数ですが、左上に切手をはって、ポストに投函してください。

《インターネットで送られる方》

① 文理のホームページにアクセスしてください。アドレスは、

https://portal.bunri.jp

② 右上のメニューから「おすすめCONTENTS」の「わからないをわかる にかえる」を選び、クリックすると読者アンケートのページが表示され ます。回答を記入して送信してください。上のQRコードからもアクセ スできます。

おそれいりますが、切手をおはりください。

```
1 6 2 0 8 1 4
```

東京都新宿区新小川町4-1

（株）文理

「わからないをわかるにかえる」
アンケート係

ご住所	〒 都道府県 市区郡 電話　　　－　　　－
	フリガナ	
お名前		男・女　学年　　　年
お買い上げ日	年　　月　　学習塾に　□通っている　□通っていない

＊ご住所は町名・番地までお書きください。

ご住所

〒

都道府県

市区郡

電話　　　−　　　−

フリガナ

お名前

お買上げ月　　　年　　　月

男・女　　学年　　　年

学習塾に　□通っている　□通っていない

* ご住所は、町名、番地までお書きください。

● 次のアンケートにお答えください。□には右の○の中から当てはまるものの番号をぬってください。

[1] 今回お買い上げになった教科は何ですか。
① 国語　② 社会　③ 数学　④ 理科　⑤ 英語

[2] この本をお選びになったのはどなたですか。
① 自分(中学生)　② ご両親　③ その他

[3] この本を選ばれた決め手は何ですか。(複数可)
① 内容・レベルがちょうどよいので。
② 説明がわかりやすいので。
③ カラーで見やすく、わかりやすいので。
④ イラストが楽しく、わかりやすいので。
⑤ 以前に使用してよかったので。
⑥ 付録がついているので。
⑦ 高校受験に備えて。
⑧ その他

[4] どのような使い方をされていますか。(複数可)
① おもに授業の予習・復習に使用。
② おもにテスト対策に使用。
③ おもに前学年の復習に使用。
④ その他

[5] 内容はいかがでしたか。
① わかりやすい。　② ややわかりにくい。
③ わかりにくい。　④ その他

[6] 問題の量はいかがでしたか。
① ちょうどよい。　② 多い。　③ 少ない。

[7] 問題のレベルはいかがでしたか。
① ちょうどよい。　② 難しい。　③ やさしい。

[8] ページ数はいかがでしたか。
① ちょうどよい。　② 多い。　③ 少ない。

[9] 表紙デザインはいかがでしたか。
① なかなかよい。　② ふつう。
③ あまりよくない。

[10] カラーの誌面デザインはいかがでしたか。
① なかなかよい。　② ふつう。
③ あまりよくない。

[11] 英語の音声付録(CD／ネット配信)はいかがでしたか。
① 役に立つ。　② あまり役に立たない。
③ まだ使用していない。

[12] 付録のカードやミニブックはいかがでしたか。
① 役に立つ。　② あまり役に立たない。
③ まだ使用していない。

[13] 文理の問題集で、使用したことがあるものがあれば教えてください。
① 小学教科書ワーク　② 中学教科書ワーク
③ 教科書ドリル　④ 中間・期末の攻略本
⑤ 完全攻略　⑥ その他

[14] 「わからないをわかるにかえる」について、ご感想やご意見、ご要望等がございましたら教えてください。

[15] この本のほかに、お使いになっている参考書や問題集がございましたら、教えてください。また、どんな点がよかったかも教えてください。

[1] □① □② □③ □④ □⑤
[2] □① □② □③
[3] □① □② □③ □④ □⑤ □⑥ □⑦ □⑧( )
[4] □① □② □③ □④( )
[5] □① □② □③ □④( )
[6] □① □② □③
[7] □① □② □③
[8] □① □② □③
[9] □① □② □③
[10] □① □② □③
[11] □① □② □③
[12] □① □② □③
[13] □① □② □③ □④ □⑤ □⑥( )

[14]

[15]

ご協力ありがとうございました。「わからないをわかるにかえる」*

覚 えておきたい用語

□①虫眼鏡のレンズなど，中心がふくらんだレンズ。

□②凸レンズの光軸に平行な光を当てたとき，光が集まる点。

□③凸レンズの中心から焦点までの距離。

練習問題

] 　右の図は，凸レンズの光軸に平行な光を当てたときのようすを表したものです。次の問いに答えましょう。

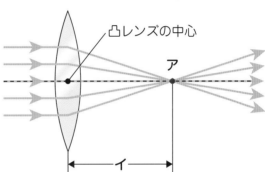

凸レンズの中心

ア

イ

(1)　図の**ア**の点を何といいますか。
　　　　　　（　　　　　　　　　）

(2)　図の**イ**の長さを何といいますか。
　　（　　　　　　　　　　　　）

(3)　次の①〜③の光の進み方を，それぞれ下の**ア**〜**ウ**から選びましょう。

①　光軸に平行に入った光。　　　　　　　　　　　　　　　（　　　　）

②　凸レンズの中心を通った光。　　　　　　　　　　　　　（　　　　）

③　焦点を通って凸レンズに入った光。　　　　　　　　　　（　　　　）

　ア　凸レンズを通った後，光軸に平行に進む。
　イ　凸レンズを通った後，焦点を通る。
　ウ　そのまま直進する。

まとめ　□凸レンズの光軸に平行な光を当てると，光は焦点に集まる。
　　　　　□焦点を通って凸レンズに入った光は，光軸に平行に進む。

→答えは別冊 p.10

実習のページ　実像

実習① 物体が焦点の外側にあるとき

物体からの光が凸レンズを通ると，1点に集まります。そこには像ができています。

実際には物体がないのに，あるように見えるよ。

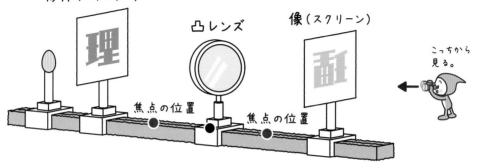

物体(フィルター)　凸レンズ　像(スクリーン)

焦点の位置　焦点の位置

こっちから見る。

作図　物体を焦点の外側に置いたときの像を作図します。

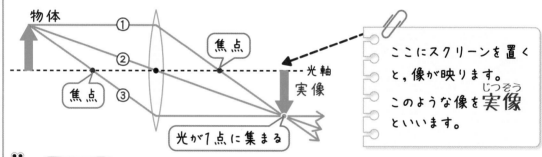

物体　①　②　③　焦点　焦点　光軸　実像　光が1点に集まる

ここにスクリーンを置くと，像が映ります。このような像を**実像**といいます。

ふりカエル

① 光軸に平行な光は焦点を通る。
② レンズの中心を通る光は直進する。
③ 焦点を通る光は光軸に平行に進む。

物体が焦点の外側にあるとき，
物体と上下左右が逆向きの実像ができる。

練習問題1 実習①について，次の問いに答えましょう。

(1) 右の図の↑の物体の像を作図しましょう。
（•は凸レンズの中心，•は焦点を表します。）

(2) (1)でできた像のことを何といいますか。（　　　　　　　　）

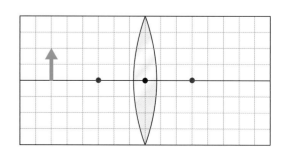

実習 ② 物体の位置と実像のようすを調べる

プラスワン 実習①のように，物体が焦点距離の2倍の位置にあるとき，
焦点距離の2倍の位置に，物体と同じ大きさの実像ができます。

・実習①よりも物体が焦点に近づいたとき

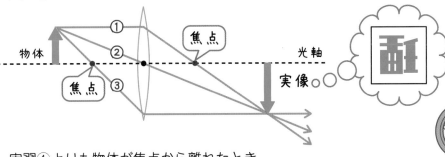

実像が物体より
大きいね！

・実習①よりも物体が焦点から離れたとき

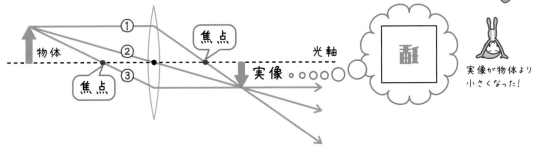

実像が物体より
小さくなった！

物体を焦点から遠ざけると，実像は焦点に近づき，小さくなる。

練習問題 ② 実習②について，次の問いに答えましょう。

(1) 右の図の↑の物体の像を作図しま
しょう。
（●は凸レンズの中心，•は焦点を表します。）

(2) (1)の像について正しいものをア〜
エから選びましょう。（　　　　）

ア　物体と同じ向き　　　　　イ　物体と上下だけが逆向き
ウ　物体と左右だけが逆向き　エ　物体と上下左右が逆向き

(3) (1)の物体を左へ3目盛り動かし，焦点から遠ざけました。できる像は(1)と比
べて大きいですか，小さいですか。　　　（　　　　　　　　　　）

実習の ページ　虚像

➡答えは別冊 p.10

実習 ① 物体が焦点の位置にあるとき

作図　物体を焦点の位置に置いたときの光の進み方（①, ②）を作図します。

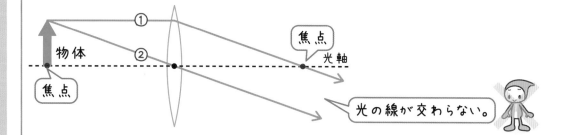

光の線が交わらない。

ふりカエル
① 光軸に平行な光は焦点を通る。
② レンズの中心を通る光は直進する。
③ 焦点を通る光は光軸に平行に進む。

③の線はかけないよ。

光が平行になっていて
1点に集まらないので,
像ができません。

物体が焦点の位置にあるとき, 像はできない。

練習問題 1 　実習①について, 次の問いに答えましょう。

(1)　右の図の物体↑の矢印の先から出た
光はどのように進みますか。作図しま
しょう。
（●は凸レンズの中心, •は焦点を表します。）

(2)　(1)のとき, どのような像ができます
か。次の**ア**～**エ**から選びましょう。

（　　　　）

ア　物体と同じ向きの像　　　　　　　**イ**　物体と上下が逆向きの像
ウ　物体と上下左右が逆向きの像　　　**エ**　像はできない

実習 ② 物体が焦点の内側にあるとき

作 図

1. 物体を焦点の内側に置いたときの光の進み方（①，②）を作図します。
2. 光の線が交わらないので，物体側に線をのばします。

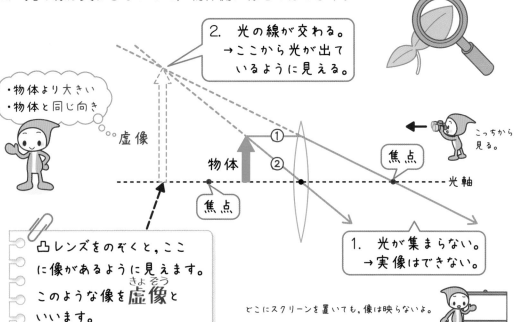

2. 光の線が交わる。
→ここから光が出て
いるように見える。

・物体より大きい
・物体と同じ向き

...虚像

物体

焦点

焦点

こっちから
見る。

光軸

1. 光が集まらない。
→実像はできない。

凸レンズをのぞくと，ここ
に像があるように見えます。
このような像を **虚像** と
いいます。

どこにスクリーンを置いても，像は映らないよ。

物体が焦点の内側にあるとき，物体と同じ向きで大きな虚像ができる。

練習問題 2　実習②について，次の問いに答えましょう。

(1) 右の図の↑の物体の像を作図しま
しょう。

（●は凸レンズの中心，•は焦点を表します。）

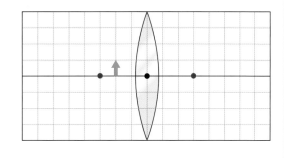

(2) (1)でできた像のことを何といいま
すか。　（　　　　　　　　　　　）

(3) (2)の像について，次のア～エから正しいものをすべて選びましょう。

（　　　　　　　　　　　　　　）

ア　物体と同じ向き　　　イ　物体と上下左右が逆向き
ウ　物体と同じ大きさ　　エ　物体より大きい

27 ものの見え方

乱反射，光の色

雨上がりの空に，七色の虹（にじ）が見られることがありますね。
虹から七色の光が出ているのでしょうか。

1 どうしていろいろな方向から見えるの？

身のまわりの物体の表面は，平らに見えていても実際にはでこぼこしています。

光は，でこぼこした物体に当たるといろいろな方向に反射します。これを乱反射（らんはんしゃ）といいます。

光がいろいろな方向に反射するため，いろいろな方向から物体を見ることができます。

→物体で反射した光が目に届くと，物体が見えるよ。

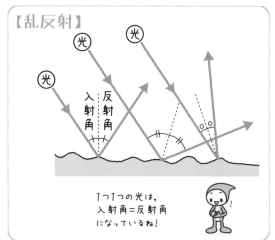

【乱反射】

入射角　反射角

1つ1つの光は，
入射角＝反射角
になっているね！

2 どうしていろいろな色が見えるの？

太陽の光には，いろいろな色の光が混ざっています。光をプリズムというガラスに当てると，光が屈折して色が分かれるようすが見られます。

すべての色の光を反射する物体は，白色に見えます。光をほとんど反射しない物体は，黒色に見えます。赤色の光だけを反射する物体は，赤色に見えます。

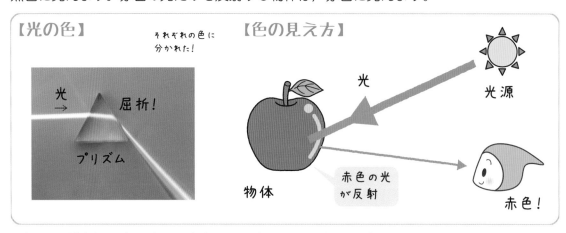

【光の色】

それぞれの色に
分かれた！

光
→
屈折！

プリズム

【色の見え方】

光

光源

物体

赤色の光
が反射

赤色！

→太陽の光が空気中の水滴に当たって屈折すると，色が分かれて虹になるよ。プリズムと同じしくみだね。

➡答えは別冊 p.11

覚 えておきたい用語

□①光がでこぼこした物体の表面に当たって，いろいろな方向に反射すること。

1 ものの見え方について，次の問いに答えましょう。

(1) 図のように，光がでこぼこした物体
の表面に当たって，いろいろな方向に
反射することを何といいますか。

（　　　　　　　　　　）

(2) 図で，それぞれの光の入射角と反射
角はどのようになっていますか。次の
ア〜エから選びましょう。

（　　　　　　　）

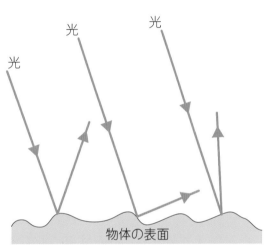

物体の表面

ア　すべて入射角＞反射角になっている。
イ　すべて入射角＝反射角になっている。
ウ　すべて入射角＜反射角になっている。
エ　入射角と反射角の関係は，光によってちがっている。

(3) 太陽の光が当たったリンゴが赤色に見えるのはなぜですか。次のア〜ウから
選びましょう。　　　　　　　　　　　　　　　　　　　　（　　　　　　　）

ア　赤色の光だけを反射するから。
イ　赤色の光だけを反射しないから。
ウ　赤色の光だけが当たっているから。

 □光がでこぼこした物体の表面に当たって，いろいろな方向に反
射することを乱反射という。

28 音の伝わり方

音①

お祭りに行ったら，和太鼓(わだいこ)から大きくて，押されるような音が響(ひび)いてきました。音はどのように伝わっているのでしょうか。

1 音はどのように伝わるの？

音を出している物体(音源(おんげん))は振動(しんどう)しています。振動を止めると音は出なくなります。

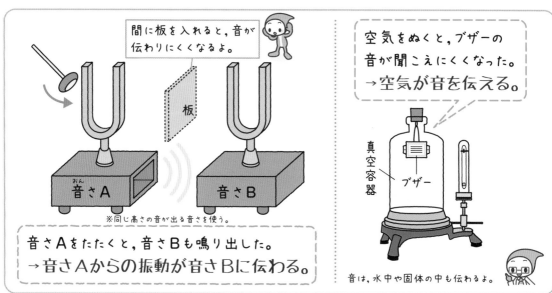

物体が振動すると，まわりの空気を振動させ，その振動が波となって伝わります。音は，空気だけでなく，いろいろな物質の中を伝わります。

2 音の伝わる速さはどのくらい？

音は，空気中を1秒間に約340m進む速さ(約340m/s)で伝わります。

例1 打ち上げ花火が見えてから2秒後に音が聞こえました。花火の打ち上げ場所までの距離(きょり)は何m？（ただし，音の速さは340m/sとします。）

音は1秒間に340m進むので，2秒間で進む距離は，

①［　　　　　　］〔m/s〕×2〔s〕＝②［　　　　　　］〔m〕…答
　（音の速さ）　　　　　（時間）　　　　（距離）

「秒」のことを記号で「s」とかくよ。

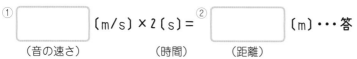
→光の速さは約30万km/sだから，一瞬(いっしゅん)で伝わるよ。音は光よりも遅(おそ)いから，花火や雷(かみなり)の音が遅(おく)れて聞こえるんだ。

➡答えは別冊 p.11

覚 えておきたい用語

□①音を出している物体。

[   ]

1　音の伝わり方について，次の問いに答えましょう。

(1)　物体がどのようになっているとき，音が出ていますか。（　）に言葉を書きましょう。　　　　　　　　　物体が（　　　　　　　）しているとき。

(2)　容器の中の空気をぬいていくと，ブザーの音はどのように聞こえますか。次のア～ウから選びましょう。

（　　　　　　）

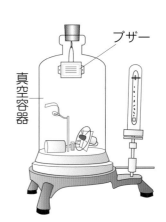

ブザー

真空容器

ア　大きく，聞こえやすくなる。
イ　小さく，聞こえにくくなる。
ウ　変わらない。

(3)　(2)の実験から，何が音を伝えていたとわかりますか。

（　　　　　　　　　　）

(4)　音は，水中や固体の中も伝わりますか。

（　　　　　　　　　　）

(5)　雷の稲妻が見えた5秒後に音が聞こえました。稲妻までの距離は何mですか。ただし，音の速さは340m/sとします。

（　　　　　　　　　）

□音は，物体が振動して生じる。
□音は，空気中を約340m/sの速さで，波となって伝わる。

〈左ページ 例①の答え〉　①340　　②680

㉙ 音の大きさと高さ

音②

ギターの演奏（えんそう）では、弦（げん）をはじいていろいろな音を出していますね。
弦のはじき方と音には、どのような関係があるのでしょうか。

⭐ 弦のはじき方と音の関係は？

弦をはじいたとき、その弦の振動（しんどう）の振れ幅（はば）を**振幅（しんぷく）**といいます。弦を強くはじくと振幅が大きくなり、大きな音が出ます。

また、弦が1秒間に振動する回数を**振動数（しんどうすう）**といい、単位には**ヘルツ**（記号：Hz）を使います。弦を短くすると振動数が多くなり、高い音が出ます。

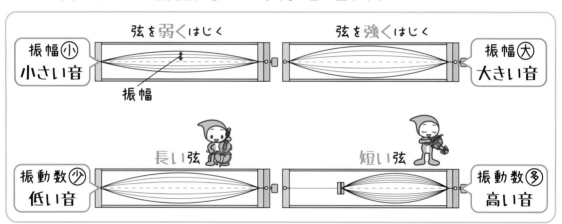

弦を細くしたり、強く張ったりしても、音が高くなります。
オシロスコープという装置を使うと、音の振動を波の形で見られます。

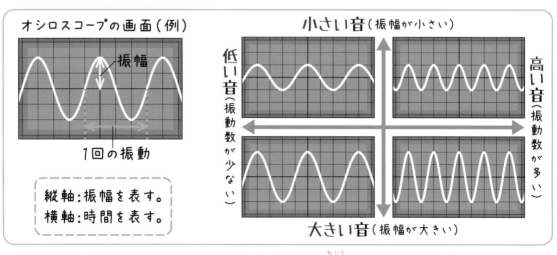

→楽器の音の大きさと高さは振幅と振動数で決まるけれど、それぞれの音色（ねいろ）は細かな波形で決まるよ。

84

➡答えは別冊 p.11

覚 えておきたい用語

□①弦の振動の振れ幅のこと。

□②弦が１秒間に振動する回数のこと。

□③振動数の単位。

練習問題

1 音の大きさや高さについて，次の問いに答えましょう。

(1) 右のモノコードの弦を，次の①～④のようにしてはじくと，音はどうなりますか。下の**ア～オ**から選びましょう。

① 弦のはじき方を強くする。 （　　　）

② 弦の長さを長くする。 （　　　）

③ 弦の張り方を強くする。 （　　　）

④ 弦の太さを太くする。 （　　　）

ア 高くなる。　　イ 低くなる。　　ウ 大きくなる。
エ 小さくなる。　オ 変化しない。

(2) 下の図は，音の振動をオシロスコープで調べたものです。より高い音が出ているのは①，②のどちらですか。 （　　　）

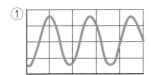
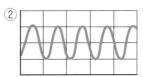

□振幅が大きくなると，音は大きくなる。
□振動数が多くなると，音は高くなる。

㉚ 理科であつかう力

カ

体力，能力，権力，努力，重力…「力」のつく言葉はたくさんありますね。理科であつかう力とはどのようなものでしょうか。

1 理科であつかう力って？

　理科であつかう力は，物体にはたらく力です。次の3つのうち1つ以上あてはまれば，力がはたらいているといえます。

【力のはたらき】
①物体の形を変える。
②物体を支える。（持ち上げる。）
③物体の動き（速さや向き）を変える。

→体力や能力，努力などはよく聞く力だけれど，ここではあつかわない力だよ。

2 力はどのように表すの？

　力には，力のはたらく点（作用点），力の向き，力の大きさの3つの要素があります。これらは，矢印を使って表すことができます。

【力の表し方】
作用点　　力の向き
力の大きさ
矢印の長さは力の大きさに比例させてかくよ。
全体に力がはたらくときは，まとめて1本の矢印で表す。

　矢印の始点は作用点，矢印の向きは力の向き，矢印の長さは力の大きさを表します。力の大きさの単位には，ニュートン（記号：N）を使います。

→理科であつかう力は全部矢印で表せるよ。

➡答えは別冊 p.11

覚 えておきたい用語

□①力のはたらく点のこと。

□②力の大きさを表す単位。記号はN。

練習問題

1 物体にはたらく力について，次の問いに答えましょう。

(1) 持っていたボールを投げるとき，力はどのようなはたらきをしますか。最も
よいものを次の**ア**～**ウ**から選びましょう。　　　　　　　　（　　　　　）

　　ア　ボールの形を変える。
　　イ　ボールを支える。
　　ウ　ボールの動きを変える。

(2) 物体を1Nの力で押すようすを図1のように表しました。**ア**～**ウ**はそれぞれ
何を表していますか。　　　　　　　　　　　　**ア**（　　　　　　　　）
　　　　　　　イ（　　　　　　　　）　　　　**ウ**（　　　　　　　　）

図1
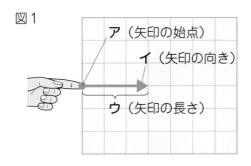

図2
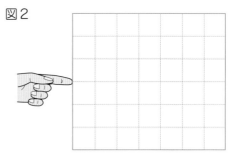

(3) 図1の力について，力の大きさだけを2Nに変えました。このとき，力を表
す矢印はどのようになりますか。図2にかきましょう。

□力のはたらき…物体の形を変える。　物体を支える。
　　　　　　　　物体の動きを変える。

③1 いろいろな力

小学校でゴムの力について学びましたね。のばしたゴムがもつ力は理科であつかう力なのでしょうか。

⭐ 力にはどんなものがあるの？

理科であつかう力には，いろいろな種類があります。

のばしたゴムは，もとにもどろうとします。このように，変形した物体がもとにもどろうとする力を弾性力（だんせいりょく）といいます。

磁石（じしゃく）どうしの間ではたらく力を磁力（じりょく）といいます。N極とS極は引き合い，同じ極どうしはしりぞけ合います。

こすった下じきにはかみの毛が引きつけられます。これは，電気の力がはたらくからです。

地球上の物体は，地球の中心に向かって引かれています。この力を重力（じゅうりょく）といいます。重力の作用点は，物体の中心にします。

机（つくえ）の上に本があるとき，机から本に対して垂直に力がはたらいています。この力を垂直抗力（すいちょくこうりょく）といいます。

机の上の本を水平に押したとき，本の動きを止める向きに力がはたらきます。この力を摩擦力（まさつりょく）といいます。

→磁力，電気の力，重力は，物体どうしが離れていてもはたらく力だよ。

【重力】

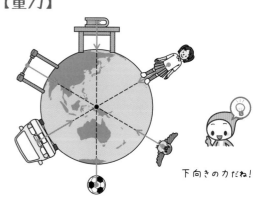

下向きの力だね！

【垂直抗力】

机が本を支える力だね！垂直にはたらくよ。

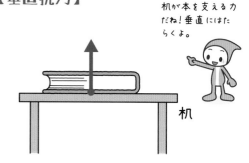

机

【摩擦力】

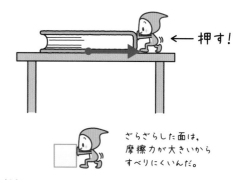

← 押す！

ざらざらした面は，摩擦力が大きいからすべりにくいんだ。

➡答えは別冊 p.12

覚 えておきたい用語

□①のばしたゴムのように，変形した物体がもとにもどろうとする力。

□②磁石どうしの間ではたらく力。

□③こすった下じきにかみの毛が引きつけられるときにはたらく力。

練習問題

1 いろいろな力について，次の問いに答えましょう。

図1

図2

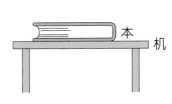

本 机

図3

押す！

(1) 図1のように，地球上のすべての物体にはたらいている力を何といいますか。

(　　　　　　)

(2) 図2で，机から本に対して垂直にはたらいている力を何といいますか。

(　　　　　　)

(3) 図3で本を左向きに水平に押したとき，摩擦力はどの向きにはたらいていますか。次のア〜エから選びましょう。 (　　　　　)

ア 左向き　　イ 右向き　　ウ 上向き　　エ 下向き

 まとめ

□理科であつかう力には，弾性力，磁力，電気の力，重力，垂直抗力，摩擦力などがある。

32 ニュートンとグラム

重さと質量

理科では，「この重さは5kgです。」という表現は正しくありません。何がまちがっているのでしょうか。

🟦 重さと質量はちがうの？

地球上の物体には，重力（地球の中心に向かって引かれる力）がはたらいています。重さとは，重力の大きさのことをいいます。

重力の大きさは，ばねばかりなどではかることができ，単位はNを使います。

質量とは，物体そのものの量のことです。質量の単位にはgやkgなどを使います。

質量は，上皿てんびんなどではかります。

→力の大きさの単位はNだったよね。重さは重力という力の大きさのことだから，単位はNなんだ。

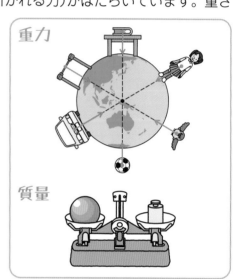

🟦 質量と重力の関係は？

質量は物体そのものの量のことなので，場所が変わっても大きさは変化しません。しかし，重力の大きさは，地球上や月面上など，場所によってちがいます。

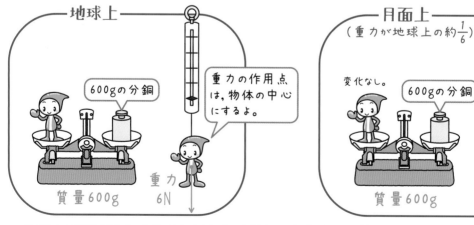

地球上で質量100gの物体にはたらく重力の大きさは，約1Nです。

→この本では，地球上で質量100gの物体にはたらく重力の大きさを1Nとして考えます。

覚 えておきたい用語

□①地球上の物体にはたらく，地球の中心に向かって引かれる力。

□②物体そのものの量のこと。単位はg，kgなど。

練習問題

1 **重さと質量**について，次の問いに答えましょう。

(1) 次の**ア～ク**のうち，質量について書かれているものをすべて選びましょう。
（　　　　　　　　　　　）

ア 地球の中心に向かって引かれる力のこと。
イ 物体そのものの量のこと。
ウ 単位はgやkgなど。
エ 単位はN。
オ 上皿てんびんではかることができる。
カ ばねばかりではかることができる。
キ 地球上と月面上で値（あたい）が変化する。
ク 地球上と月面上で値が同じである。

(2) (1)の**ア～ク**のうち，物体にはたらく重力の大きさについて書かれているものをすべて選びましょう。
（　　　　　　　　　　　）

(3) 地球上で，質量1kgの物体にはたらく重力の大きさは，およそ何Nですか。
（　　　　　　　　　　　）

□重さ…**物体にはたらく重力の大きさ（単位：N）**
□質量…**物体そのものの量（単位：g，kgなど）**

33 ばねを引く力とばねののび

フックの法則

> ばねをのばして筋力（きんりょく）アップをめざす器具がありますね。たくさんのばすにはどのくらい大きな力が必要なのでしょうか。

⭐ 力とばねののび方の関係は？

ばねを引く力の大きさとばねののび方には，どのような関係があるのでしょうか。

力の大きさとばねののびの関係を調べる

実験方法

ばねとおもり（1個20g）を使い，力の大きさとばねののびの関係を調べます。

実験結果

結果を表にまとめ，グラフに表します。

> 力の大きさが2倍，3倍になると…

おもりの数〔個〕	0	1	2	3	4	5
力の大きさ〔N〕	0	0.2	0.4	0.6	0.8	1.0
ばねののび〔cm〕	0	2.0	3.9	6.0	8.1	10.0

> ばねの長さではない！

> ばねののびも2倍，3倍になります。

> すべての点のなるべく近くを通る直線を引きます。

グラフのかき方は，p.98を参考にしよう。

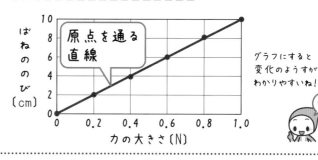

> 原点を通る直線

ばねののび〔cm〕

力の大きさ〔N〕

> グラフにすると変化のようすがわかりやすいね！

ばねののびは，ばねを引く力の大きさに比例する。（フックの法則）

ばねののびは，ばねを引く力の大きさに比例します。この関係を**フックの法則（ほうそく）**といいます。フックの法則を用いると，ばねにはたらく力の大きさがわかります。

→ばねによってのび方がちがうんだ。ただし，どのばねでものびを2倍にしたければ2倍の力が必要だよ。

覚 えておきたい用語

□①ばねののびは，ばねを引く力の大きさに比例するという法則。

[   ]

練習問題

1 ばねにつるすおもり（1個20g）の数を変えて，2種類のばねA，Bののびを調べます。あとの問いに答えましょう。

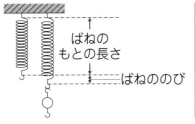

おもりの数〔個〕		0	1	2	3	4	5
力の大きさ〔N〕		0	0.2	0.4	0.6	0.8	1.0
ばねののび〔cm〕	A	0	3.0	5.9	9.0	12.1	15.0
	B	0	2.0	ア	6.0	8.0	10.0

(1) ばねAを使ったときの結果を，右のグラフに表しましょう。

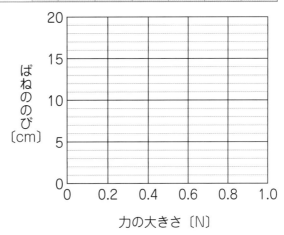

(2) 表のアにあてはまる数値を答えましょう。（   ）

(3) ばねBを2Nの力で引いたとき，ばねののびは何cmになりますか。
（   ）

(4) 力の大きさとばねののびにはどのような関係がありますか。
（   ）

(5) (4)の関係があるという法則を何といいますか。
（   ）

 □フックの法則：ばねを引く力の大きさが2倍，3倍…になると，ばねののびも2倍，3倍…になる（比例する）。

34 つり合っている力

力のつり合い

> 綱引きでは，綱を引き合っているのに，なかなか動きません。力を入れているのに動かないのはなぜでしょうか。

⭐ 力を入れても動かないのはなぜ？

1つの物体に2つの力がはたらいているのに動かないとき，その2つの力は**つり合っている**といいます。力がつり合うためには，次の3つの条件が必要です。

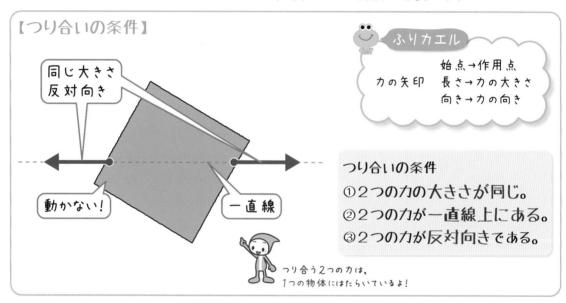

【つり合いの条件】

同じ大きさ
反対向き

動かない！

一直線

ふりカエル

力の矢印　始点→作用点
　　　　　長さ→力の大きさ
　　　　　向き→力の向き

つり合いの条件
①2つの力の大きさが同じ。
②2つの力が一直線上にある。
③2つの力が反対向きである。

つり合う2つの力は，
1つの物体にはたらいているよ！

力がつり合っている例をみてみましょう。

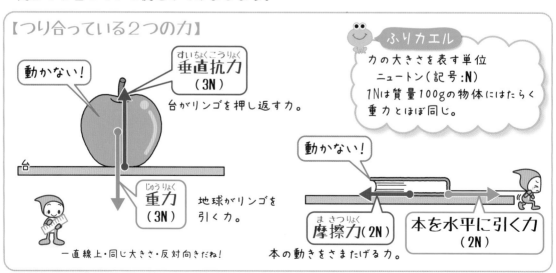

【つり合っている2つの力】

動かない！

垂直抗力（すいちょくこうりょく）
（3N）
台がリンゴを押し返す力。

重力（じゅうりょく）
（3N）
地球がリンゴを引く力。

一直線上・同じ大きさ・反対向きだね！

ふりカエル

力の大きさを表す単位
ニュートン（記号：N）
1Nは質量100gの物体にはたらく重力とほぼ同じ。

動かない！

摩擦力（まさつりょく）（2N）
本の動きをさまたげる力。

本を水平に引く力
（2N）

→綱引きでは，みんなの力がつり合っているから動かないんだよ。つり合わなくなったときに，綱が動くんだ。

➡答えは別冊 p.12

覚 えておきたい用語

□①台の上に置いた物体の重力とつり合う力。

□②台の上に置いた物体を水平に引いても動かないとき，物体を引く力とつり

合う力。

練習問題

① 力のつり合いについて，次の問いに答えましょう。

(1) 次の図で，2つの力**A**，**B**がつり合っているものには○，つり合っていない
ものには×をかきましょう。

①(　　　　) ②(　　　　) ③(　　　　)

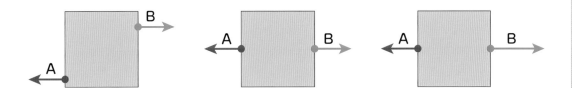

(2) 右の図で，物体にはたらく**ア**，**イ**の
力をそれぞれ何といいますか。

ア(　　　　　　　　)
イ(　　　　　　　　)

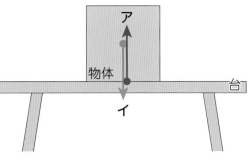

(3) 台の上の物体を10Nの力で水平に
引きましたが，動きませんでした。こ
のとき，物体にはたらく摩擦力は何N
ですか。　　　(　　　　　　)

□1つの物体に，同じ大きさで，一直線上に，反対向きの2つの
力がはたらいているとき，その2つの力はつり合っている。

まとめのテスト

勉強した日　　得点

月　　日　　／100点

➡答えは別冊 p.13

1 光の進み方や像のでき方について，次の問いに答えなさい。

6点×6(36点)

(1) 図1で，**A**から出た光は，どのように進みますか。**ア〜エ**から選びなさい。

（　　　　　）

図1

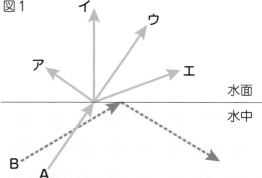

(2) 図1で，**B**から出た光は水面ですべて反射しました。この現象を何といいますか。

（　　　　　）

(3) 図2で，凸レンズによってできる物体**C**の像と物体**D**の像を作図しなさい。ただし，作図に使った線は消さないこと。

図2

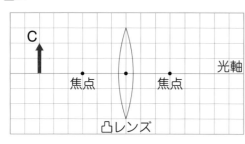

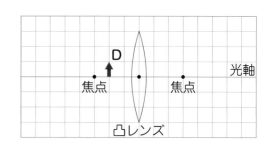

(4) 図2にできる，物体**C**，物体**D**の像を何といいますか。　　C（　　　　　）

D（　　　　　）

2 音について，次の問いに答えなさい。

7点×2(14点)

(1) 右の図は，ある音の振動のようすを調べたものです。振動数が多くなると，音はどうなりますか。

（　　　　　　　　　）

(2) 打ち上げ場所から850mの地点では，花火が上がるのが見えた2.5秒後に音が聞こえました。このとき，音の速さを求めなさい。　　（　　　　　）

3 力について，次の問いに答えなさい。ただし，質量100gの物体にはたらく重力を1Nとします。

5点×10（50点）

(1) 1Nを1cmとして，次の①，②の力を表す矢印をかき入れなさい。

①物体を1.5Nの力で押す力

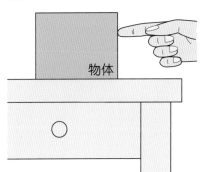

物体

②50gの物体にはたらく重力

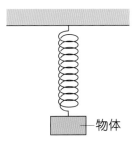

物体

(2) 図1は，ばねに加える力の大きさとばねののびの関係を表したものです。このばねを10Nの力で引くと，ばねののびは何cmになりますか。

（　　　　　　　）

図1

ばねののび〔cm〕

力の大きさ〔N〕

(3) ばねを引く力の大きさとばねののびの関係が図1のようになるという法則を何といいますか。

（　　　　　　　）

(4) 図2で，つり合っている2つの力ア，イをそれぞれ何といいますか。

ア（　　　　　　　）
イ（　　　　　　　）

図2

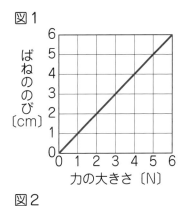

台

(5) 図2でリンゴの質量が200gのとき，ア，イの力の大きさはそれぞれ何Nですか。

ア（　　　　　）　イ（　　　　　）

図3

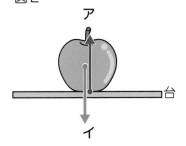

ウ　　　本を水平に引く力

(6) 図3で，本を3Nの力で水平に引いても動きませんでした。このときにはたらいているウの力を何といいますか。（　　　　　　　）

(7) (6)のとき，ウの力の大きさは何Nですか。

（　　　　　　　）

特集 グラフを正しくかこう！

グラフのかき方

次の結果をグラフに表すときを例にして考えます。

力の大きさ〔N〕	0	0.2	0.4	0.6	0.8	1.0
ばねののび〔cm〕	0	2.0	3.9	6.0	8.1	10.0

① 横軸と縦軸をかきます。

> 横軸：変化させたこと
> 縦軸：測定したこと

② 目盛りをかきます。

> 測定値の最大の値がかきこめるようにします。

③ 測定値を ● で記入します。

④ 直線か曲線かを判断します。

⑤ 線を引きます。

> すべての点のできるだけ近くを通るように線を引きます。
> 折れ線にはしません。

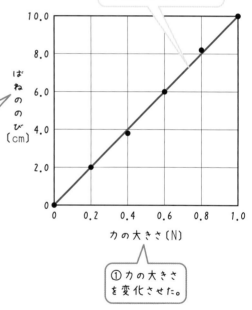

④,⑤ 原点を通る直線
→比例のグラフ

① ばねののびを測定した。

ばねののび〔cm〕

① 力の大きさを変化させた。

〈グラフにすると，何がいいの？〉

1. 変化のようすや規則性がわかりやすくなります。

2. 測定していない点のことも推測できます。

〈誤差って何？〉

実験では，測定値が正しい値に対して少しずれてしまうことがあります。これが誤差です。

グラフをかくときは，誤差があることを考えてかきます。

大地の変化

4

この章では,
火山の活動や地震,
地層や化石などについて
学習します。

35 火山から出てくるもの

火山噴出物

火山の噴火（ふんか）の映像を見たことがありますか。火山からいろんなものがふき出しています。何が出てきているのでしょうか。

⭐ 火山が噴火したとき，何が出てきているの？

火山の地下深くには，高温のために岩石がとけてできた**マグマ**があります。マグマが地表まで上昇（じょうしょう）し，火山が噴火します。このとき，**火山噴出物**（かざんふんしゅつぶつ）がふき出されます。

【火山噴出物】

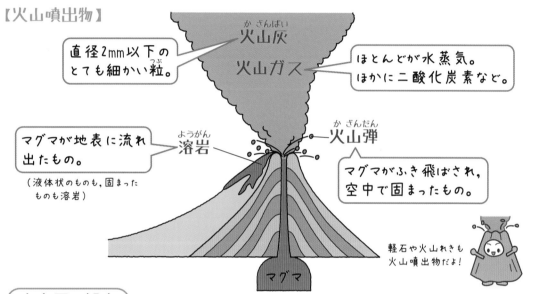

直径2mm以下のとても細かい粒（つぶ）。→ **火山灰**（かざんばい）

火山ガス → ほとんどが水蒸気。ほかに二酸化炭素など。

マグマが地表に流れ出たもの。→ **溶岩**（ようがん）
（液体状のものも，固まったものも溶岩）

火山弾（かざんだん）← マグマがふき飛ばされ，空中で固まったもの。

マグマ

軽石や火山れきも火山噴出物だよ！

火山灰の観察

観察方法

1. 蒸発皿（じょうはつざら）に火山灰を入れます。
2. 水を入れて親指の腹で押すようにして洗います。
3. にごった水を捨（す）てます。
（水がきれいになるまで2と3をくり返します。）
4. 乾燥（かんそう）させて観察します。

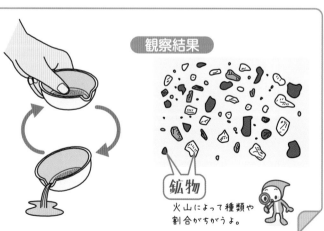

観察結果

鉱物
火山によって種類や割合がちがうよ。

火山灰には，マグマが冷えて結晶（けっしょう）になった粒（つぶ）（**鉱物**（こうぶつ））がふくまれています。

→火山からふき出される軽石は，穴がたくさんあいていて軽いよ。水をたくさんふくむことができるから，園芸（えんげい）用の土として使われているんだ。ほかにも，かかとの角質（かくしつ）をとるために使われることもあるよ。

➡答えは別冊 p.13

覚 えておきたい用語

□①火山の地下にある，岩石がとけてできたもの。

□②火山噴出物で，直径2mm以下の粒のこと。

□③マグマが地表に流れ出たもののこと。

□④マグマが冷えて結晶になった粒。

練 習 問 題

1 次の図は，火山が噴火したときのようすを表しています。次の問いに答えましょう。

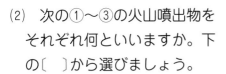

(1) 火山の地下深くにある**ア**を何といいますか。

（　　　　　　　　）

(2) 次の①〜③の火山噴出物をそれぞれ何といいますか。下の〔　〕から選びましょう。

① 水蒸気や二酸化炭素などの気体。　　　（　　　　　　　　）

② マグマがふき飛ばされ，空中で固まったもの。

（　　　　　　　　）

③ マグマが地表に流れ出たもの。　　　（　　　　　　　　）

〔　火山灰　　火山弾　　火山ガス　　溶岩　〕

 **まとめ**
□火山の地下深くにある，岩石がとけたものをマグマという。
□火山の噴火では，溶岩や火山灰などの火山噴出物がふき出す。

観測の
ページ

火山の形

➡答えは別冊 p.13

観測 ① マグマのねばりけと火山の形

火山の形は，マグマのねばりけによってちがいます。

火山の形

盛り上がった形   円すいの形   傾斜のゆるやかな形

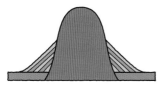 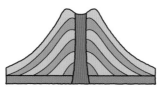 

マグマのねばりけ 強   マグマのねばりけ 中   マグマのねばりけ 弱

ねばりけが強いと
流れにくいから，
盛り上がるよ。

ねばりけが弱いと
流れやすいから，横
に広がっていくよ。

マグマのねばりけが強いと盛り上がった形，弱いとゆるやかな形になる。

練習問題 1　観測①について，次の問いに答えましょう。

(1) 次のア〜ウの形の火山のうち，マグマのねばりけが最も弱いものはどれですか。　　　　　　　　　（　　　　）

ア　円すいの形   イ　傾斜のゆるやかな形   ウ　盛り上がった形

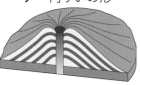 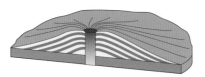 

(2) (1)のア〜ウの形の火山のうち，マグマのねばりけが最も強いものはどれですか。　　　　　　　　　（　　　　）

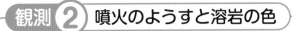観測 ② 噴火のようすと溶岩の色

火山によって，噴火のようすや火山噴出物の色がちがっています。

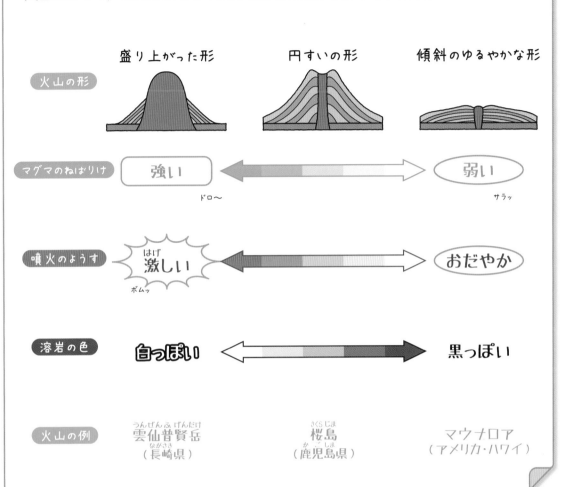

| 火山の形 | 盛り上がった形 | 円すいの形 | 傾斜のゆるやかな形 |

| マグマのねばりけ | 強い（ドロ〜） | → | 弱い（サラッ） |

| 噴火のようす | 激しい（ボムッ） | → | おだやか |

| 溶岩の色 | 白っぽい | → | 黒っぽい |

| 火山の例 | 雲仙普賢岳（長崎県） | 桜島（鹿児島県） | マウナロア（アメリカ・ハワイ） |

練習問題 2 観測②について，次の問いに答えましょう。

(1) 次のア〜カの中で，傾斜のゆるやかな形の火山について書かれているものをすべて選びましょう。　　　　　　　（　　　　　　　）

ア　マグマのねばりけが弱い。　　　イ　マグマのねばりけが強い。
ウ　噴火のようすが激しい。　　　　エ　噴火のようすがおだやか。
オ　溶岩の色が白っぽい。　　　　　カ　溶岩の色が黒っぽい。

(2) 円すいの形をした火山を，次のア〜ウから選びましょう。　（　　　　　）

ア　雲仙普賢岳　　　　　イ　マウナロア　　　　　ウ　桜島

36 火山でできる岩石

火成岩のつくり

水などの液体は冷やされると固体になりましたね。では，どろどろのマグマが冷やされるとどうなるのでしょうか。

⭐ マグマが冷えるとどうなるの？

マグマが冷え固まってできた岩石のことを**火成岩**（かせいがん）といいます。火成岩は，地表や地表付近でできた**火山岩**（かざんがん）と，地下深くでできた**深成岩**（しんせいがん）に分けられます。

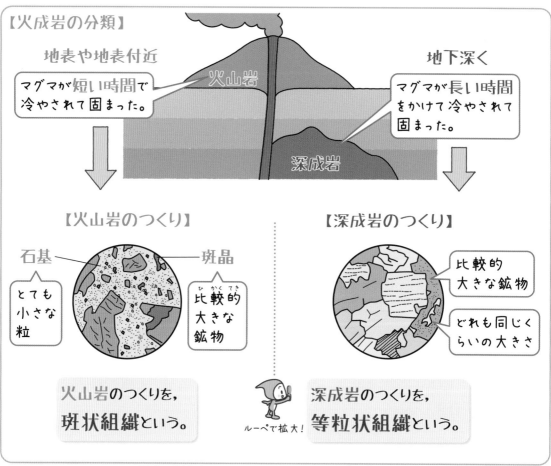

【火成岩の分類】

地表や地表付近

マグマが**短い**時間で冷やされて**固**まった。

火山岩

地下深く

マグマが**長い**時間をかけて冷やされて**固**まった。

深成岩

【火山岩のつくり】

石基 — 斑晶

とても小さな粒

比較的（ひかくてき）大きな鉱物

火山岩のつくりを，**斑状組織**という。

ルーペで拡大！

【深成岩のつくり】

比較的大きな鉱物

どれも同じくらいの大きさ

深成岩のつくりを，**等粒状組織**という。

火山岩では，大きな鉱物（鉱物（こうぶつ）＝斑晶（はんしょう））のまわりに小さな粒（粒（つぶ）＝石基（せっき））が見られます。このつくりは**斑状組織**（はんじょうそしき）とよばれます。

深成岩は大きな鉱物が組み合わさってできていて，そのつくりは**等粒状組織**（とうりゅうじょうそしき）とよばれます。

→ミョウバンの水溶液をゆっくり冷やすと大きな結晶ができたよね。深成岩も同じだよ。

➡答えは別冊 p.13

覚えておきたい用語

□①マグマが冷えて固まった岩石のこと。

□②地表や地表付近でできた火成岩。

□③地下深いところでできた火成岩。

□④斑晶や石基が見られる，火山岩のつくり。

□⑤大きな鉱物が組み合わさっている，深成岩のつくり。

練習問題

 火山岩と深成岩のつくりを図に表しました。あとの問いに答えましょう。

ア

イ

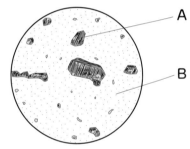

A

B

(1) マグマが長い時間をかけて冷え固まった岩石は，火山岩と深成岩のどちらですか。（　　　　　）

(2) 火山岩のつくりは，ア，イのどちらですか。（　　　　）

(3) ア，イの岩石のつくりをそれぞれ何といいますか。
　ア（　　　　　　　　　　　）　　　　イ（　　　　　　　　　）

(4) イのつくりに見られる，A，Bの部分をそれぞれ何といいますか。
　　　A（　　　　　　　　　）　　　　B（　　　　　　　　　）

□火成岩には，火山岩と深成岩がある。

□火山岩…斑状組織（斑晶と石基）　　深成岩…等粒状組織

37 火成岩にふくまれるもの

火成岩と鉱物

山で見られる岩石は，ものによって色にちがいがありますね。白っぽい岩と黒っぽい岩では，何がちがうのでしょうか。

★ 火成岩の色は，何で決まっているの？

鉱物には，石英などの**無色鉱物**や，黒雲母などの**有色鉱物**があります。

―【無色鉱物】―

石英　　　長石

―【有色鉱物】―

黒雲母　　角セン石　　輝石　　カンラン石　磁鉄鉱

黒雲母はうすくはがれるよ。

無色鉱物の割合が多いと白っぽい色，有色鉱物が多いと黒っぽい色になります。

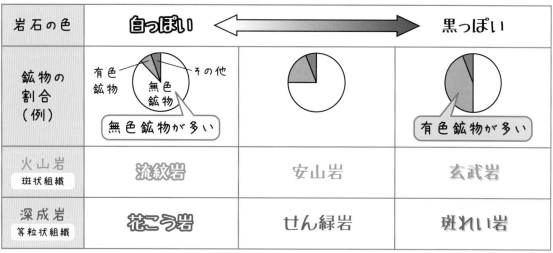

岩石の色	白っぽい ←――――→ 黒っぽい		
鉱物の割合（例）	有色鉱物　無色鉱物　その他　**無色鉱物が多い**		**有色鉱物が多い**
火山岩 斑状組織	流紋岩	安山岩	玄武岩
深成岩 等粒状組織	花こう岩	せん緑岩	斑れい岩

暗記のキモ

新　幹　線　は　か　り　あ　げ

深成岩は花こう岩・せん緑岩・斑れい岩　火山岩は流紋岩・安山岩・玄武岩

ふくまれる鉱物の種類と割合によって，火山岩は流紋岩，安山岩，玄武岩に，深成岩は花こう岩，せん緑岩，斑れい岩に分けられます。

→マグマのねばりけが弱くて傾斜のゆるやかな形の火山では，玄武岩や斑れい岩ができるよ。溶岩も黒っぽかったね。

覚えておきたい用語

□①火山岩の中で有色鉱物の割合が最も多い岩石。

□②火山岩の中で無色鉱物の割合が最も多い岩石。

□③深成岩の中で有色鉱物の割合が最も多い岩石。

□④深成岩の中で無色鉱物の割合が最も多い岩石。

練習問題

1 火成岩の種類について，次の問いに答えましょう。

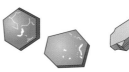

(1) 次の**ア〜カ**から有色鉱物をすべて選びましょう。（　　　　　　　　　）

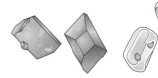

ア　角セン石　　　　イ　カンラン石
ウ　黒雲母　　　　　エ　石英
オ　長石　　　　　　カ　輝石

(2) 下の〔　〕から火山岩のなかまを3つ選び，岩石の色が白っぽいものから順に並べましょう。
（　　　　　　→　　　　　　→　　　　　　）

(3) 下の〔　〕から深成岩のなかまを3つ選び，岩石の色が白っぽいものから順に並べましょう。
（　　　　　　→　　　　　　→　　　　　　）

〔　安山岩　　　花こう岩　　　玄武岩
　せん緑岩　　　斑れい岩　　　流紋岩　〕

 まとめ
□無色鉱物が多い火成岩は，白っぽい。
□有色鉱物が多い火成岩は，黒っぽい。

38 地震の規模とゆれ

地震

> 地震(じしん)のニュースでは，2種類の数値が発表されていますね。地震は1回なのに，数値は2つ。何の値なのでしょうか。

1 地震はどこで発生しているの？

地震が発生した場所を震源(しんげん)といいます。震源は地下にあります。

地表にある震源の真上の地点を震央(しんおう)といいます。

地震のゆれは，震源から波として周囲に伝わっていきます。

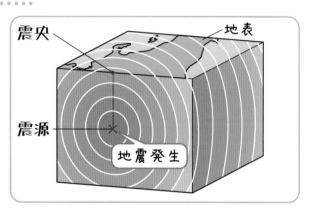

2 地震の大きさはどう表すの？

観測地点での地震のゆれの大きさは，震度(しんど)で表します。現在の震度は，0，1，2，3，4，5弱，5強，6弱，6強，7の10階級に分けられています。

地震そのものの規模(きぼ)の大きさを表すためには，マグニチュード(記号：M)を使います。マグニチュードが大きいと，大きなゆれが遠くまで伝わります。

→関東地震の起こった9月1日は，防災の日になっているよ。災害から身を守れるように，しっかり備えよう。

➡答えは別冊 p.14

覚 えておきたい用語

□①地震が発生した，地下の場所。

□②地表にある，震源の真上の地点。

□③観測地点での地震のゆれの大きさを表す値。

□④地震そのものの規模の大きさを表す値。

練習問題

1 **地震について，次の問いに答えましょう。**

(1) 地震が発生した**ア**の場所の
ことを何といいますか。
（　　　　　　）

(2) **ア**の真上にある**イ**の地点の
ことを何といいますか。
（　　　　　　）

(3) **A**では，ゆれを感じました。
観測地点で感じるゆれの大き
さを表す値を何といいますか。
（　　　　　　　　　　）

(4) (3)の値は，現在いくつの階級に分けられていますか。
（　　　　　　　　　　）

(5) 地震そのものの規模の大きさを表す値を何といいますか。
（　　　　　　　　　　）

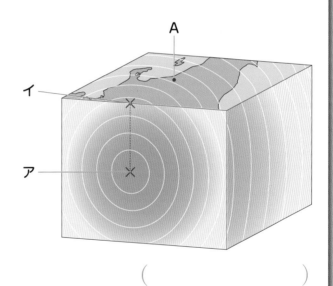

まとめ
□地震の発生した場所を震源，その真上の地点を震央という。
□地震の規模はマグニチュード，ゆれの大きさは震度で表す。

39 地震の２つのゆれ

地震の伝わり方

緊急地震速報を知っていますか。強いゆれに警戒するようによびかけています。なぜ強いゆれが起こるとわかるのでしょうか。

⭐ 地震のゆれの特徴は？

地震のゆれは，地震計で記録することができます。

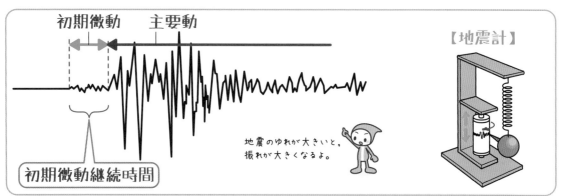

初期微動　主要動

初期微動継続時間

【地震計】

地震のゆれが大きいと，振れが大きくなるよ。

地震のゆれは波として伝わります。はじめの小さなゆれ（初期微動）を伝える波をＰ波，後からの大きなゆれ（主要動）を伝える波をＳ波といいます。

Ｐ波とＳ波は同時に発生しますが，Ｐ波のほうがＳ波よりも伝わる速さが速いです。Ｐ波が届いてからＳ波が届くまでの時間を初期微動継続時間といいます。

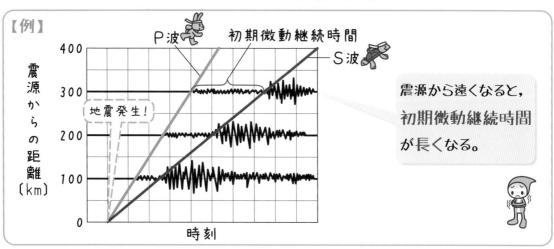

【例】

Ｐ波　初期微動継続時間
Ｓ波

震源からの距離〔km〕

400
300
地震発生！
200
100
0

時刻

震源から遠くなると，初期微動継続時間が長くなる。

初期微動継続時間は，震源から遠くなるほど長くなります。そのため，初期微動継続時間がわかると，震源までのおよその距離がわかります。

→緊急地震速報はＰ波を感じとって警報を出しているよ。Ｓ波が到着するまでの数秒間でできることもあるんだ。

覚えておきたい用語

- ①地震のゆれで，はじめに起こる小さなゆれ。
- ②地震のゆれで，後から起こる大きなゆれ。
- ③地震の波で，はじめの小さなゆれを伝える波。
- ④地震の波で，後からの大きなゆれを伝える波。

練習問題

1 右の図は，地震のゆれを記録したものです。次の問いに答えましょう。

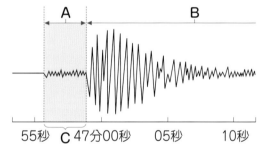

55秒　C 47分00秒　05秒　10秒

(1) A，Bのゆれをそれぞれ何といいますか。

A（　　　　　）
B（　　　　　）

(2) Cの時間を何といいますか。

（　　　　　）

(3) 震源から遠くなると，(2)の時間は長くなりますか，短くなりますか。

（　　　　　）

(4) 地震の波について，正しいものを次のア～エからすべて選びましょう。

（　　　　　）

ア　Aのゆれは，P波が伝える。
イ　Aのゆれは，S波が伝える。
ウ　P波とS波では，P波のほうが伝わる速さが速い。
エ　P波とS波では，P波のほうが先に発生する。

まとめ
□小さな初期微動の後，大きな主要動が起こる。
□初期微動継続時間は，震源から遠くなるほど長くなる。

40 地震が起こるわけ

地震の原因

日本付近では，ほぼ毎日どこかで地震が起こっています。特に地震が起こりやすい場所があるのでしょうか。

1 どのようにして地震が起こるの？

地球の表面は，厚い岩石の板（プレート）でおおわれています。

日本付近では海洋のプレートが大陸のプレートの下に沈みこんでいます。海洋のプレートに引きずられた大陸のプレートがゆがみにたえられなくなり，地震が起こります。

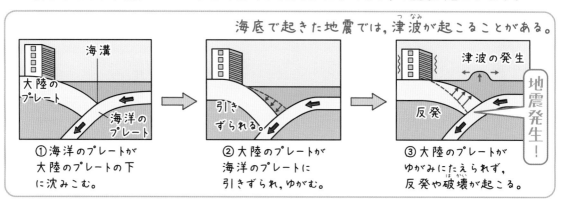

2 地震が起こりやすいのは，どこ？

日本付近の震源は，太平洋側の海溝付近で浅く，大陸側ほど深くなっています。

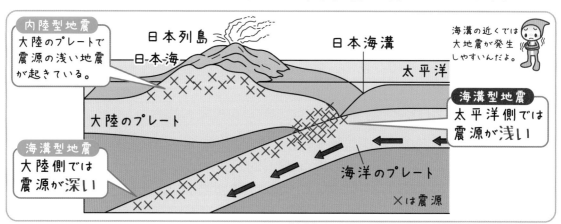

地震が発生するときにできる大地のずれを断層といいます（くわしくはp.122）。今後も地震を起こす可能性のある断層を活断層といいます。

→日本は地震の多い国だよ。マグニチュード３以上の地震は，１年間に平均5000回くらい起こっているんだって。

➡答えは別冊 p.14

覚 えておきたい用語

□①地球の表面をおおう，厚い岩石の板。

□②地震が発生するときにできる大地のずれ。

□③今後も地震を起こす可能性がある断層。

練 習 問 題

1 下の図は，日本列島付近のプレートのようすを表しています。あとの問いに答えましょう。

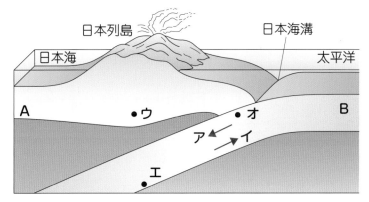

(1) 海洋のプレートは，A，Bのどちらですか。 （   ）

(2) Bのプレートが動く向きは，ア，イのどちらですか。 （   ）

(3) 日本列島付近のプレートの境界で起こる地震の震源は，日本海側と太平洋側のどちらが深いですか。 （   ）

(4) ウ〜オで，大地震が発生しやすいのはどこですか。 （   ）

(5) 海底で地震が起こると，もち上がった海水が陸におし寄せ，大きな被害が出ることがあります。この現象を何といいますか。 （   ）

 □地震の活動は，プレートの動きに関係がある。

水のはたらきで積もる粒

地層

> ある崖を見てみると，いろいろな粒が集まって，しま模様をつくっていました。この模様はどのようにしてできたのでしょうか。

⭐ 地層の粒はどのように積もったの？

　岩石は，気温の変化や風雨によってぼろぼろになり（風化），雨水や流水などによってけずられて（侵食），れきや砂や泥になります。

　そして，川などの水のはたらきによって下流へ運ばれ（運搬），流れがゆるやかなところに積もります（堆積）。

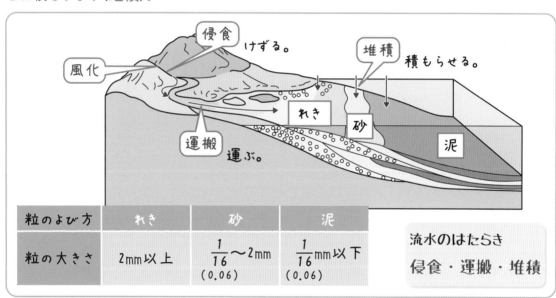

粒のよび方	れき	砂	泥
粒の大きさ	2mm以上	$\frac{1}{16}$〜2mm (0.06)	$\frac{1}{16}$mm以下 (0.06)

流水のはたらき
侵食・運搬・堆積

　れき・砂・泥の堆積がくり返されると，層ができます。これが地層です。ふつう，下の地層ほど古く，上の地層ほど新しく堆積した層です。

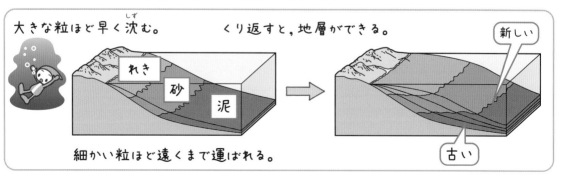

大きな粒ほど早く沈む。　　くり返すと，地層ができる。　新しい

れき　砂　泥

細かい粒ほど遠くまで運ばれる。　　古い

→層によって粒の大きさや色がちがうから，しま模様に見えるんだね。

114

覚 えておきたい用語

□①気温変化や風雨で，岩石がぼろぼろになること。

□②流れる水が岩石をけずりとるはたらき。

□③流れる水がれき，砂，泥を運ぶはたらき。

□④流れる水がれき，砂，泥を水底に積もらせるはたらき。

練習問題

1　右の図は，れき，砂，泥が流され，堆積したときのようすを表しています。
次の問いに答えましょう。

(1)　れき，砂，泥の中で，粒の
大きさが最も大きいものはど
れですか。
（　　　　　　）

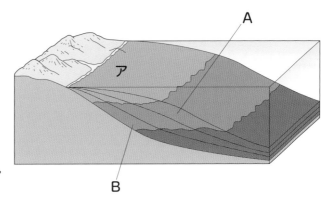

(2)　アの部分に堆積した粒とし
て最もよいものを，れき，砂，
泥から選びましょう。
（　　　　　　）

(3)　れき，砂，泥の堆積がくり返されてできた図のような層のことを何といいま
すか。　　　　　　　　　　　　　　　　　　　　（　　　　　　　　　）

(4)　Aの層とBの層では，どちらが古くに堆積しましたか。　　（　　　　　　）

　　□地層は，侵食，運搬，堆積をくり返してできる。

42 いろいろな化石

化石

恐竜の化石を見つけた中学生がいます。地層の中から見つかる化石は，私たちに何を伝えてくれるのでしょうか。

1 サンゴの化石から何がわかるの？

地層の中から生物の化石が見つかることがあります。

サンゴのように，限られた環境でだけ生きられる生物の化石を示相化石といいます。

示相化石は，地層ができたときの環境を知るのに役立ちます。

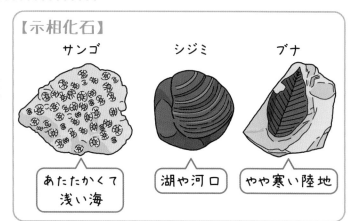

【示相化石】

サンゴ　　　シジミ　　　ブナ

あたたかくて浅い海　　　湖や河口　　　やや寒い陸地

2 恐竜の化石から何がわかるの？

恐竜のように，限られた時代にだけ生きた生物の化石を示準化石といいます。示準化石は，地層ができた時代（地質年代）を知るのに役立ちます。

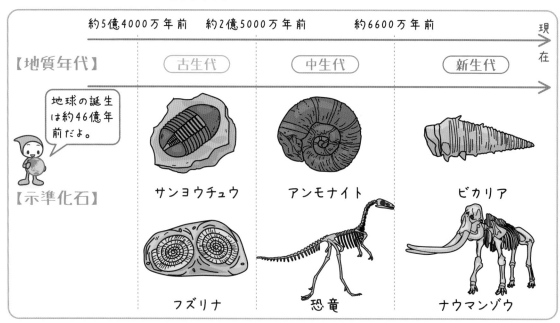

	約5億4000万年前	約2億5000万年前	約6600万年前	現在
【地質年代】	古生代	中生代	新生代	

地球の誕生は約46億年前だよ。

【示準化石】

サンヨウチュウ　　　アンモナイト　　　ビカリア

フズリナ　　　恐竜　　　ナウマンゾウ

→デパートの壁などに使われている大理石には，アンモナイトなどの化石が見られることがあるよ。さがしてみよう。

➡答えは別冊 p.15

覚えておきたい用語

□①地層ができたときの環境を知るのに役立つ化石。

□②地層ができた時代を知るのに役立つ化石。

□③地層ができた時代のこと。古生代など。

練習問題

1 **いろいろな生物の化石について，あとの問いに答えましょう。**

アンモナイト

ビカリア

恐竜

サンヨウチュウ

フズリナ

ナウマンゾウ

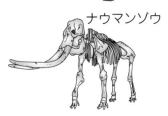

(1) 次の①～③の生物の化石を，上の図から2つずつ選びましょう。

① 古生代の生物。 （　　　　　　　）（　　　　　　　）

② 中生代の生物。 （　　　　　　　）（　　　　　　　）

③ 新生代の生物。 （　　　　　　　）（　　　　　　　）

(2) 上の図のような化石のことを何といいますか。（　　　　　　　）

(3) サンゴなどのように，地層ができたときの環境を知るのに役立つ化石のことを何といいますか。 （　　　　　　　）

□示相化石…地層ができたときの環境を知る手がかりとなる。

□示準化石…地層ができた時代を知る手がかりとなる。

43 積もってできた岩石①

堆積岩①

地層の中にはいろいろな岩石があります。粒の形や大きさがちがうこれらの岩石は，どのようにしてできたのでしょうか。

1 地層の中にある岩石の特徴は？

地層として積もっている粒は，その上に積もっている粒の重みで固められ，やがて岩石になります。このようにしてできた岩石を堆積岩（たいせきがん）といいます。

代表的な堆積岩として，れき岩，砂岩（さがん），泥岩（でいがん）があります。これらは岩石のかけら（れき，砂，泥）が堆積して固められたもので，粒の大きさで区別できます。

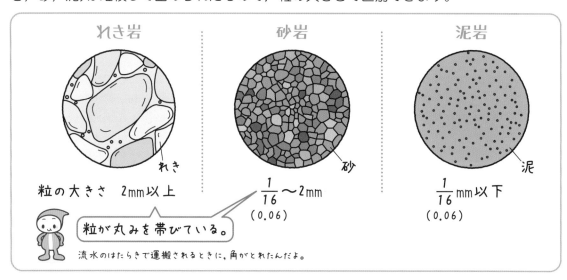

れき岩　　れき　　粒の大きさ　2mm以上

砂岩　　砂　　$\frac{1}{16}$～2mm (0.06)

泥岩　　泥　　$\frac{1}{16}$mm以下 (0.06)

粒が丸みを帯びている。

流水のはたらきで運搬されるときに，角がとれたんだよ。

2 火山のはたらきでできた堆積岩もあるの？

火山灰などの火山噴出物（かざんふんしゅつぶつ）が堆積して固められた岩石もあります。この堆積岩を凝灰岩（ぎょうかいがん）といいます。

凝灰岩

火山噴出物が堆積

粒が角張っている。

ふりカエル

火成岩
マグマが冷え固まってできた岩石。

火成岩と凝灰岩はちがうよ！

→凝灰岩が見られる地層ができたころ，近くで火山が噴火したんだね。

➡答えは別冊 p.15

覚えておきたい用語

□①地層の粒が押し固められてできた岩石。

□②れきなどが固められてできた堆積岩。

□③砂が固められてできた堆積岩。

□④泥が固められてできた堆積岩。

□⑤火山灰などが固められてできた堆積岩。

練習問題

1　下の図は，堆積岩の粒のようすを表しています。あとの問いに答えましょう。

A
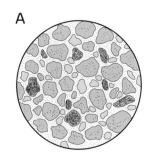

B
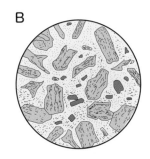

(1)　れき岩，砂岩，泥岩は，何で区別できますか。次のア～ウから選びましょう。

（　　　　　）

　　ア　粒の大きさ　　イ　粒の色　　ウ　粒の成分

(2)　れき岩を表しているのは，図のA，Bのどちらですか。（　　　　　）

(3)　(2)で選ばなかったものは，火山灰などの火山噴出物が堆積して固められた岩石の粒のようすを表しています。この岩石を何といいますか。

（　　　　　）

まとめ　□れき岩，砂岩，泥岩は，粒の大きさでなかま分けできる。
　　　　□火山灰などが堆積して固められた堆積岩を凝灰岩という。

44 積もってできた岩石②

堆積岩②

鍾乳洞を訪れたことはありますか。鍾乳洞のまわりには石灰岩とよばれる岩石が見られます。どのような岩石なのでしょうか。

⭐ 石灰岩ってどんな岩石？

生物の死がいなどが堆積して固められた岩石があります。この堆積岩は，成分によって石灰岩やチャートなどとよばれています。

石灰岩には炭酸カルシウムという成分が多くふくまれていて，チャートには二酸化ケイ素という成分が多くふくまれています。

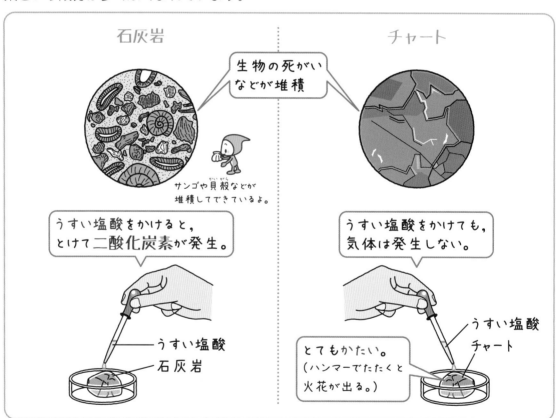

石灰岩にうすい塩酸をかけると二酸化炭素が発生します。一方，チャートにうすい塩酸をかけても気体は発生しません。

チャートはとてもかたい岩石なので，くぎなどで傷をつけることができません。

→石灰岩がとけてできた洞くつが鍾乳洞なんだ。それに，石灰岩から化石が見つかることも多いんだ。

→答えは別冊 p.15

覚えておきたい用語

□①生物の死がいなどが固められた堆積岩で，うすい塩酸をかけると二酸化炭素が発生するもの。

[   ]

□②生物の死がいなどが固められた堆積岩で，とてもかたい岩石。くぎで傷をつけることができないもの。

[   ]

練習問題

1 石灰岩とチャートの特徴について，次の問いに答えましょう。

(1) 石灰岩やチャートは何が堆積して固められた岩石ですか。次の**ア〜ウ**から選びましょう。　　　　　　　　　　（　　　　　）

　　ア　岩石のかけら
　　イ　火山灰などの火山噴出物
　　ウ　生物の死がいなど

(2) うすい塩酸をかけると気体が発生するのは，石灰岩とチャートのどちらですか。

（　　　　　　　）

(3) (2)で発生した気体は何ですか。

（　　　　　　　）

(4) とてもかたい岩石なのは，石灰岩とチャートのどちらですか。

（　　　　　　　）

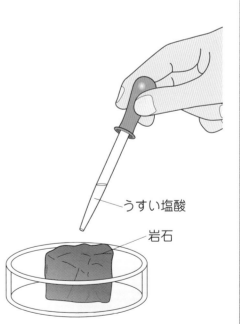

うすい塩酸

岩石

 まとめ　□石灰岩とチャートは，生物の死がいなどが堆積して固められた堆積岩である。

45 力が加わった地層

しゅう曲と断層

曲がっている地層が見られることがあります。この地層は曲げられたのでしょうか，曲がった状態で積もったのでしょうか。

★ 大地に力がはたらくとどうなるの？

地層に大きな力がはたらき続けると，地層は曲げられたり，ずれたりすることがあります。地層が曲がったものを**しゅう曲**，ずれたものを**断層**といいます。

しゅう曲は，水平に堆積した地層に両側から押す力がはたらいてできます。

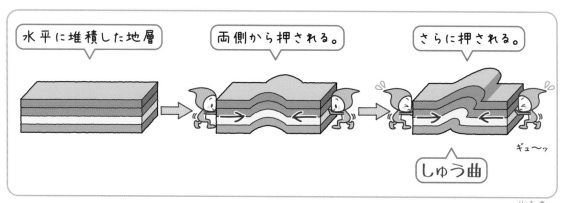

大地は，大きな力によって，とても長い時間をかけて少しずつもち上がったり（**隆起**），沈んだり（**沈降**）して変化しています。

断層ができて地震が起こったときには，大地のようすが急激に変化します。

地層を調べると，大地が大きな力を受けてどのように変化してきたのかも知ることができます。

→海底で堆積した地層が高い山でも見られるのは，土地が長い時間をかけて隆起したからなんだね。

➡答えは別冊 p.16

覚 えておきたい用語

□①大きな力がはたらき，地層が曲がったもの。

□②大きな力がはたらき，地層がずれたもの。

□③大きな力によって，大地がもち上がること。

□④大きな力によって，大地が沈むこと。

練習問題

[1]　下の図は，地層に力が加わって変化したようすを表しています。あとの問い
に答えましょう。

図1

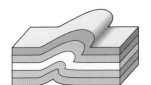

図2

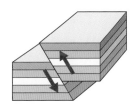

図3

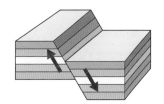

(1)　図1のように地層が曲げられたものを何といいますか。

（　　　　　　　　　）

(2)　図2のように地層がずれたものを何といいますか。

（　　　　　　　　　）

(3)　図1～図3では，どのような力がはたらきましたか。それぞれ次のア～ウか
ら選びましょう。

図1（　　　　）　　　図2（　　　　）　　　図3（　　　　）

ア　両側から押す力　　イ　両側に引っ張る力　　ウ　横にずらす力

まとめ
　□力が加わって地層が曲げられたものをしゅう曲という。
　□力が加わって地層がずれたものを断層という。

46 自然による災害と恵み

自然災害と恵み

> 火山の周辺では温泉がわき出ていることが多くありますね。
> 火山による災害だけでなく，恵みもあるのでしょうか。

1 火山や地震による災害には何があるの？

火山による災害には，次のようなものがあります。

> ●火山灰や噴石による被害
> ●溶岩流…溶岩が斜面を流れる現象。
> ●火砕流…溶岩の破片，火山灰，火山ガスなどがいっしょに
> 　　　　なって，高速で斜面を流れる現象。

いろいろな災害が
あるんだね。

地震による災害には，次のようなものがあります。

> ●建物の倒壊や火災
> ●地すべり…傾きが急な斜面がずり落ちる現象。
> ●津波…海底で地震が発生し，海底の地形が変化することで
> 　　　　引き起こされる大きな波
> ●液状化…埋め立て地などで，地面が急にやわらかくなる現象。

津波の可能性がある
ときは，すぐに避難！

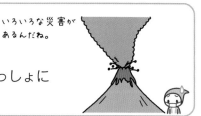

→ハザードマップで危険な場所を知る，避難訓練に参加するなど，日ごろから備えよう。

2 火山や地震による恵みには何があるの？

火山による恵みには，次のようなものがあります。

【温泉】　　　　【地熱発電】　　　　【わき水（湧水）】

マグマの熱を利用しているよ！

水を通しやすい，火山噴出物の
層を通ってくるんだ。

また，火山活動や地震によってできた地形を豊かな景観として楽しんだり，生活に利用
したりしています。

➡答えは別冊 p.16

覚えておきたい用語

□①溶岩が斜面を流れる現象。

□②溶岩の破片，火山灰，火山ガスなどが高速で斜面を流れる現象。

□③地震が海底で発生したときに引き起こされることがある，大きな波。

□④埋め立て地などで，地震によって地面が急にやわらかくなる現象。

練習問題

1 火山や地震による災害と恵みについて，次の問いに答えましょう。

(1) 下の**ア**～**ケ**のうち，火山の噴火による被害を3つ選びましょう。
(　　　)(　　　)(　　　)

(2) 下の**ア**～**ケ**のうち，地震による被害を3つ選びましょう。
(　　　)(　　　)(　　　)

(3) 下の**ア**～**ケ**のうち，火山による恵みを3つ選びましょう。
(　　　)(　　　)(　　　)

ア 温泉がわき出る。　　　**イ** 火山灰が降り積もる。
ウ 建物が倒壊する。　　　**エ** 津波が発生する。
オ 溶岩流が発生する。　　**カ** 火砕流が発生する。
キ 地熱発電が行われる。　**ク** 豊かな景観をもたらす。
ケ 地すべりが発生する。

 まとめ □火山や地震による災害が多く発生する一方で，火山や地震による恵みもある。

まとめのテスト

➡答えは別冊 p.16

1 火山について，次の問いに答えなさい。 5点×3（15点）

ア　　　　　　　　　イ　　　　　　　　　　　　ウ

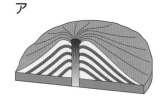 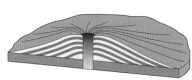 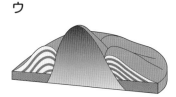

(1) 図のア〜ウの火山で，マグマのねばりけが最も強いものはどれですか。

（　　　　　）

(2) 図のア〜ウの火山で，火山噴出物の色が最も黒っぽいものはどれですか。

（　　　　　）

(3) 火山灰などにふくまれる，マグマが冷えて結晶になった粒のことを何といいますか。

（　　　　　）

2 地震について，次の問いに答えなさい。 5点×5（25点）

(1) マグニチュードとは何を表す数値ですか。簡単に答えなさい。

（　　　　　）

(2) 右の図は，地震のゆれを表したものです。
ア，イのゆれをそれぞれ何といいますか。

ア（　　　　　）
イ（　　　　　）

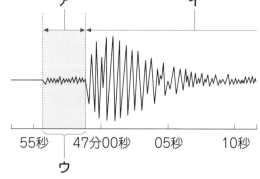

(3) ウの時間を何といいますか。

（　　　　　）

(4) 震源からの距離が遠くなると，ウの時間はどうなりますか。

（　　　　　）

3 いろいろな化石について，次の問いに答えなさい。

6点×3（18点）

(1) 地層ができたときの環境を知る手がかりになる化石のことを何といいますか。

（　　　　　　　　）

(2) 地層ができた時代を知る手がかりになる化石のことを何といいますか。

（　　　　　　　　）

(3) アンモナイトと同じ地質年代に生きていた生物を，次のア〜エから選びなさい。

（　　　　　　　　）

　ア　恐竜　　　　イ　サンヨウチュウ　　　ウ　ビカリア　　　エ　フズリナ

4 ア，イは火成岩，ウ〜オは堆積岩のようすです。あとの問いに答えなさい。

6点×7（42点）

ア 　イ 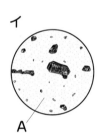　ウ 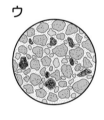　エ 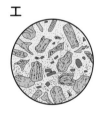　オ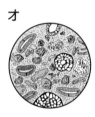

(1) アのような火成岩のつくりを何といいますか。　（　　　　　　　　）

(2) イの火成岩で見られるAの部分を何といいますか。　（　　　　　　　　）

(3) ア，イのようなつくりをもつ火成岩のことを，それぞれ何といいますか。

ア（　　　　　　　）　　イ（　　　　　　　）

(4) ウは丸みを帯びたれきや細かい砂でできていました。何という堆積岩ですか。

（　　　　　　　　）

(5) エは火山灰などからできていて，粒が角張っていました。何という堆積岩ですか。

（　　　　　　　　）

(6) オは石灰岩です。うすい塩酸をかけると，どうなりますか。

（　　　　　　　　）

特集 柱状図をつくろう！

柱状図

〈柱状図を知ろう〉

地層の重なりを柱状にして図に表したものを，柱状図といいます。

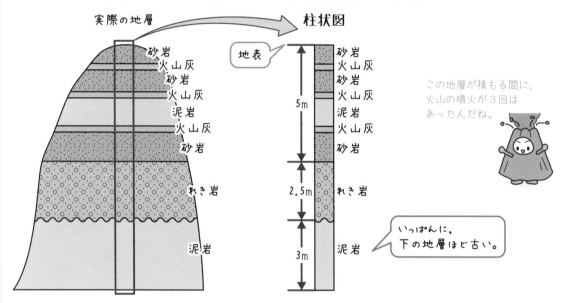

この地層が積もる間に，火山の噴火が3回はあったんだね。

いっぱんに，下の地層ほど古い。

〈柱状図を活用しよう〉

離れた場所のいくつかの柱状図の，同じ層どうしをつなぎ合わせると，地層の広がり方を推測することができます。

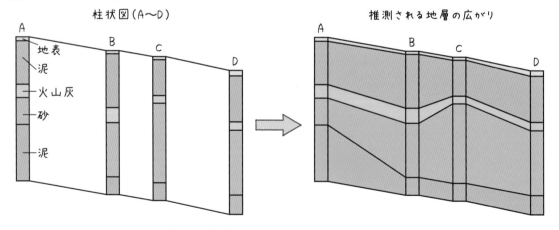

　火山灰は同じときに広い範囲に堆積するので，火山灰の層は地層の広がり方を知るためのよい手がかりになります。

地層を比べるときの目印になる層をかぎ層というよ。

これで1年の内容は終わりだよ！「わかる」にかわったかな？

128

改訂版

わからないを わかるにかえる

中1理科

解答と解説

文理

練習問題 1　観察①について，次の問いに答えましょう。

(1) 次のア～エのうち，日当たりのよいところで見つけた植物はどれですか。2
つ選びましょう。　　　　　　　　　　　　　　　　（　イ　）（　ウ　）
ア　ドクダミ　　イ　セイヨウタンポポ
ウ　オオイヌノフグリ　　エ　オカダンゴムシ

(2) 次のア～ウのうち，日当たりの悪いところで見つけた動物はどれですか。
　　　　　　　　　　　　　　　　　　　　　　　　　　（　ア　）
ア　オカダンゴムシ　　イ　セイヨウミツバチ　　ウ　モンシロチョウ

練習問題 2　観察②について，次の問いに答えましょう。

(1) いろいろなものを，ある特徴に注目してなかま分けすることを何といいますか。
　　　　　　　　　　　　　　　　　　　　　　（　分類　）

(2) 次の植物ア～エを，花の色でなかま分けしました。「黄色」になかま分けされ
るものを，すべて選びましょう。　　　　　　　　（　イ，エ　）

ア　ナズナ　　イ　カタバミ　　ウ　オオイヌノフグリ　　エ　タンポポ

練習問題 1　観察①について，次の問いに答えましょう。

(1) 観察するものが動かせるときのルーペの使い方として正しいものを，
　～ウから選びましょう。　　　　　　　　　　　　　　（

ア　ルーペを前後に動かして，ピントを合わせる。
イ　観察するものを前後に動かして，ピントを合わせる。
ウ　自分の顔を前後に動かして，ピントを合わせる。

(2) 観察するものが動かせないときのルーペの使い方として正しいものを，
ア～ウから選びましょう。　　　　　　　　　　　　　　（

練習問題 2　観察②について，次の問いに答えましょう。

(1) 次のア～カのうち，スケッチのしかたとして正しい
ものを3つ選びましょう。　　　（　ア　）（　エ　）（　オ　）

ア　細い線ではっきりとかく。
イ　線を重ねがきする。
ウ　ぬりつぶす。
エ　観察した日時や天気を書く。
オ　観察のときに気づいたことも書く。
カ　観察したもののまわりにあるものもスケッチする。

(2) 右の図のA，Bのうち，タンポポの花のスケッチと
してよいものはどちらですか。　　　　　（　A　）

A

B

練習問題 1　観察①について，次の問いに答えましょう。

(1) 右の図の顕微鏡のア，イのレンズをそれ
ぞれ何といいますか。
ア（　接眼レンズ　）
イ（　対物レンズ　）

(2) 右の図の顕微鏡のウ～オの部分の名前を，
それぞれ下の〔　〕から選んで答えましょ
う。　　ウ（　レボルバー　）
　　　　エ（　しぼり　）
　　　　オ（　反射鏡　）

〔　しぼり　　反射鏡　　レボルバー　〕

練習問題 2　観察②について，次の問いに答えましょう。

(1) 次のア～カを，顕微鏡の正しい使い方の順に並べかえましょう。
（　イ　→　オ　→　ウ　→　カ　→　エ　→　ア　）

ア　観察するものを中央に動かし，高倍率にしてくわしく観察する。
イ　対物レンズをいちばん倍率の低いものにする。
ウ　プレパラートをステージの上にのせる。
エ　接眼レンズをのぞきながら調節ねじを回して，ピントを合わせる。
オ　反射鏡やしぼりで調節して，全体が明るく見えるようにする。
カ　真横から見ながら，対物レンズとプレパラートをできるだけ近づける。

1　花のようす

→本冊

覚 えておきたい用語

□①アブラナの花でいちばん外側にあるつくり。　　　　　がく
□②おしべの先で，花粉が入っている部分。　　　　　　やく
□③めしべの先の部分。　　　　　　　　　　　　　　　柱頭
□④めしべの根もとのふくらんだ部分。　　　　　　　　子房
□⑤子房の中にある粒。　　　　　　　　　　　　　　　胚珠

練習問題

1　アブラナの花のつくりについて，次の問いに答えましょう。

(1) おしべ，めしべ，花弁，がくの4つのつくりを，花の中心についてい
から順番に並べましょう。
（　めしべ　→　おしべ　→　花弁　→　がく

(2) 右の図は，花のつくり
を表しています。めしべ
のア，イの部分をそれぞ
れ何といいますか。
ア（　柱頭　）
イ（　子房　）

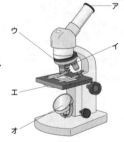

(3) めしべのイの中にある
小さな粒を何といいますか。　　　　　　　　　　（　胚珠
アブラナの子房の中には，胚珠がある。

(4) おしべのウの中には何が入っていますか。　　　（　花粉
ウはやくを表している。

果実ができる花

→本冊 p.15

ておきたい用語

花がめしべの柱頭につくこと。 □ 受粉

粉すると，子房が成長してできるもの。 □ 果実

粉すると，胚珠が成長してできるもの。 □ 種子

珠が子房の中にある植物のこと。 □ 被子植物

問題

の図は，花のつくりを表しています。次の問いに答えましょう。

のように花粉がつくことを何と
いますか。 （ 受粉 ）
粉はやくから出される。

で花粉がついたアの部分を何と
いますか。
（ 柱頭 ）

が起こると，イはやがて何にな
すか。 （ 果実 ）
房は果実になる。

が起こると，ウはやがて何になりますか。 （ 種子 ）
珠は種子になる。

ブラナやツツジのように，ウがイの中にある植物を何植物といいますか。
（ 被子植物 ）

子は発芽して，次の世代の植物になりますか。
子によってなかまをふやしている。 （ なる。 ）

---

③ 果実ができない花

→本冊 p.17

覚 えておきたい用語

□①マツの雄花にあり，花粉が入っている部分。 花粉のう

□②子房がなく，胚珠がむき出しの植物のこと。 裸子植物

□③花を咲かせ，種子をつくる植物のこと。 種子植物

練習問題

① 右の図は，マツの花のようすを表しています。次の問いに答えましょう。

(1) 図1のア，イは，それぞれ
雌花と雄花のどちらですか。
ア（ 雌花 ）
イ（ 雄花 ）

(2) マツの花には花弁やがくが
ありますか。
（ ない。 ）

(3) 図2は雌花と雄花のりん片を表しています。ウ，エの部分をそれぞれ何といいますか。
ウ（ 胚珠 ）
エ（ 花粉のう ）
花粉のうから花粉が出る。

(4) マツが受粉すると，ウはやがて何になりますか。 （ 種子 ）
花粉が胚珠につくことを受粉という。

(5) マツが受粉すると，果実はできますか。 （ できない。 ）
子房がなく，果実はできない。

(6) マツのように，ウの部分がむき出しになっている植物を何植物といいますか。
（ 裸子植物 ）

被子植物と裸子植物をまとめて種子植物という。

いろいろな根や葉

→本冊 p.19

ておきたい用語

子葉類の根に見られる，太い根。 □ 主根

子葉類の根に見られる，細い根。 □ 側根

葉類の根に見られる，たくさんの細い根。 □ ひげ根

子葉類の葉に見られる，網の目のように広がる葉脈。 □ 網状脈

問題

の図1は根のつくりを，図2は葉のすじを表しています。次の問いに答え
ょう。

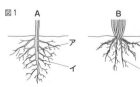

1で，ア～ウの根をそれ
いいますか。
ア（ 主根 ）
イ（ 側根 ）
ウ（ ひげ根 ）

1で，双子葉類の根のつくりを表しているのはA，Bのどちらですか。
（ A ）
単子葉類の根。

に見られるすじを何とい
か。（ 葉脈 ）

2で，エ，オの形のすじを
ぞれ何といいますか。
エ（ 網状脈 ）
オ（ 平行脈 ）

双子葉類，オは単子葉類の葉脈。

---

⑤ 種子ができない植物

→本冊 p.21

覚 えておきたい用語

□①種子をつくらない植物で，根・茎・葉の区別がある植物。
シダ植物

□②種子をつくらない植物で，根・茎・葉の区別がない植物。
コケ植物

□③シダ植物やコケ植物が，なかまをふやすためにつくるもの。
胞子

練習問題

① シダ植物やコケ植物について，次の問いに答えましょう。

(1) 右の図で，イヌワラビの葉の裏にあるAの中で，Bがつくられます。A，
Bをそれぞれ何といいますか。
A（ 胞子のう ）
B（ 胞子 ）
種子はつくらない。

(2) ゼニゴケに見られるCを何といいますか。 （ 仮根 ）
仮根は根ではない。

(3) シダ植物，コケ植物にあてはまる特徴を，それぞれ次のア～エからすべて選びましょう。
シダ植物（ ア，ウ ） コケ植物（ ア，エ ）

ア 胞子でふえる。 イ 種子でふえる。
ウ 根・茎・葉の区別がある。 エ 根・茎・葉の区別がない。
シダ植物やコケ植物は，種子ではなく胞子でなかまをふやす。

⑥ 植物のなかま分け

→本冊 p.23

覚えておきたい用語

□①主根と側根をもつ被子植物のなかま。　　**双子葉類**

□②平行脈とよばれる葉脈をもつ被子植物のなかま。　　**単子葉類**

□③花弁がつながっている双子葉類のなかま。　　**合弁花類**

□④花弁が1枚ずつ離れている双子葉類のなかま。　　**離弁花類**

練習問題

❶ いろいろな植物の分類について、あとの問いに答えましょう。

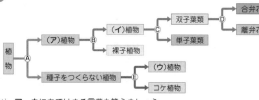

(1) ア～ウにあてはまる言葉を答えましょう。
ア（ 種子 ）　イ（ 被子 ）　ウ（ シダ ）

(2) 次の①～④の特徴で分けられるのは、図の⒜～⒠のどの部分ですか。
① 胚珠がむき出しか、子房の中にあるか。　　（ ⒝ ）
　被子植物の胚珠は子房の中にある。
② 根・茎・葉の区別があるか、ないか。　　（ ⒠ ）
　コケ植物には根・茎・葉の区別がない。
③ 子葉が1枚か、2枚か。　　（ ⒞ ）
　子葉が1枚→単子葉類、子葉が2枚→双子葉類
④ 種子でふえるか、胞子でふえるか。　　（ ⒜ ）

⑦ 背骨のある動物

→本冊 p.

覚えておきたい用語

□①背骨のある動物。　　**脊椎動物**

□②親が卵を産んで子がかえるような子の生まれ方。　　**卵生**

□③子がある程度母親の体内で育ってから生まれるような子の生まれ方。
　　胎生

□④脊椎動物のうち、子はえらと皮膚、おとなは肺と皮膚で呼吸するなか〜
　　両生類

練習問題

❶ 下の図は、脊椎動物の5つのなかまの骨格です。あとの問いに答えま〜

カエル　　ウサギ　　ハト　　トカゲ　　〜

(1) ア～オのなかまは、それぞれ何類といいますか。
ア（ 両生類 ）　イ（ 哺乳類 ）　ウ（ 鳥類
エ（ は虫類 ）　オ（ 魚類

(2) 次の①～③の特徴をもっているのは、ア～オのどのなかまですか。〜
えましょう。
① 子がある程度母親の体内で育ってから生まれる。　（　　イ
② 一生えらで呼吸する。　（　　オ
③ 体の表面がうろこでおおわれている。　（　エ, オ
①の特徴を胎生という。

⑧ 背骨のない動物

→本冊 p.27

覚えておきたい用語

□①カブトムシやカニの体をおおうかたい殻。　　**外骨格**

□②外骨格をもち、体やあしに節をもつ動物のなかま。　　**節足動物**

□③イカ、マイマイなどのなかま。　　**軟体動物**

□④軟体動物の内臓をおおう膜。　　**外とう膜**

練習問題

❶ 右の図は、バッタとイカを表したものです。次の問いに答えましょう。

(1) バッタの体はかたい殻でおおわれています。
この殻を何といいますか。
（ 外骨格 ）

(2) (1)の殻をもち、体やあしに節のあるなかまを
何といいますか。　　（ 節足動物 ）
エビ、カニ、ムカデ、クモも節足動物。

(3) イカのように、内臓が外とう膜におおわれて
いるなかまを何といいますか。
（ 軟体動物 ）
貝のなかまも軟体動物。

(4) 次のア～クのうち、(2)のなかまの動物と、(3)のなかまの動物をそれぞれすべ
て選びましょう。イ、オは節足動物で　(2)のなかま（ ウ, キ, ク ）
も軟体動物でもない　　　　　　　(3)のなかま（ ア, エ, カ ）
無脊椎動物。

ア タコ　　イ ミミズ　　ウ クワガタ　　エ マイマイ
オ ウニ　　カ アサリ　　キ ザリガニ　　ク ムカデ

⑨ 動物のなかま分け

→本冊

覚えておきたい用語

□①背骨のない動物。　　**無脊椎動**

□②節足動物のうち、バッタやチョウのなかま。　　**昆虫類**

□③節足動物のうち、エビやカニのなかま。　　**甲殻類**

□④脊椎動物のうち、ヒトやネズミのなかま。　　**哺乳類**

練習問題

❶ いろいろな動物の分類について、あとの問いに答えましょう。

(1) ア～ウにあてはまる言葉を答えましょう。
ア（ 節足 ）　イ（ 脊椎 ）　ウ（ は虫

(2) 次の動物は、それぞれA～Jのどれに分類されますか。
① ペンギン　（ I ）　　② ダンゴムシ　（ B ）
　羽毛でおおわれている。　　体とあしに節をもつ
③ メダカ　（ F ）　　④ クラゲ　（ E ）
　一生えらで呼吸する。　　外骨格も外とう膜〜
⑤ カニ　（ B ）　　⑥ カエル　（ G ）
　外骨格をもつ。　　湿った皮膚をもつ。

(1)ア…柱頭　　イ…やく　　ウ…胚珠
　　エ…子房　　オ…胚珠　　カ…花粉のう
(2)イ, カ　　　　(3)ウ, オ

説 (3)ウ, オは種子に, エは果実になります。マツに
　は果実ができません。

(1)ア…主根　　イ…側根
(2)ひげ根　　　　(3)イ

説 (3)図1の根をもつ植物を双子葉類といいます。双子
　葉類の葉脈は網状脈です。

(1)胞子　　(2)①ウ, ユリ　②カ, ゼニゴケ
③イ, アブラナ

説 (2)イヌワラビはシダ植物, ツツジは合弁花類, マツ
　は裸子植物です。
　①双子葉類の葉脈は, 網状脈とよばれます。
　③合弁花類の花弁はつながっています。

(1)ア, イ, ウ, エ　　(2)ウ, エ, オ
(3)うろこ　　(4)外骨格
(5)甲殻類　　(6)外とう膜

説 (1)哺乳類は胎生です。

練習問題 1　実験①について, 次の問いに答えましょう。

(1) メスシリンダーはどのようなところに置いて使いますか。次のア～ウから選
びましょう。　　　　　　　　　　　　　　　　　　（　ア　）

ア　水平な台の上　　イ　安定した, 少し傾いている台の上
ウ　不安定な台の上

(2) 右の図で, メスシリンダーの目盛り
を読むときの正しい目の位置を, ア～
ウから選びましょう。　（　イ　）

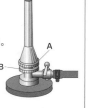

(3) 右の図で, メスシリンダーに入って
いる液体の体積は何cm³ですか。
　　　　　　　（　62.5cm³　）

練習問題 2　実験②について, 次の問いに答えましょう。

(1) ガス調節ねじは, A, Bのどちらですか。　　　　（　B　）

(2) 次のア～エを, ガスバーナーで火をつけるときの正し
い操作の順に並べましょう。
　　　　　（　エ→ ア →ウ →イ　）
ア　ガスの元栓を開く。　　イ　Bをゆるめて火をつける。
ウ　マッチに火をつける。　エ　AとBを軽く閉める。

(3) ガスバーナーの炎は, 何色になるように調節しますか。
　　　　　　　　（　青色　）

砂糖と食塩のちがい
→本冊 p.37

覚えておきたい用語
…ップなど, 見た目で区別したときのもののこと。　　（　物体　）
…ラスなど, 材料で区別したときのもののこと。　　　（　物質　）
…素をふくみ, 燃えて二酸化炭素が発生する物質。　　（　有機物　）
…機物以外の物質。　　　　　　　　　　　　　　　　（　無機物　）

…問題
…の図は, いろいろな物質を表しています。あとの問いに答えましょう。

 ろう　　　　　　イ 食塩　　　　　　ウ 砂糖

 ガラス　　　　オ 鉄　　　　　　カ プラスチック

…うを燃やすと二酸化炭素が発生します。このように, 燃えて二酸化炭素が
…する物質を, 図のイ～カからすべて選びましょう。
エ, オは燃えない。　　　　　　　　　　　　　　（　ウ, カ　）

…うのように, 炭素をふくんでいて, 燃えて二酸化炭素が発生する物質のこ
…を何といいますか。　　　　　　　　　　　　　（　有機物　）
…くの有機物は, 燃やすと水もできる。
…以外の物質のことを何といいますか。　　　　　（　無機物　）
　ウ, カは有機物, イ, エ, オは無機物。

---

⑪ 金属の性質
→本冊 p.39

覚えておきたい用語
□①電気をよく通す, 熱をよく伝える, みがくと光る, たたくと広がる, 引っ
　張るとのびるなどの共通の性質をもつ物質。　　　（　金属　）
□②金属以外の物質。　　　　　　　　　　　　　　　（　非金属　）

練習問題
① 金属の性質について, 次の問いに答えましょう。

(1) 次のア～オの中で, 金属に共通している性質をすべて選びましょう。
　　　　　　　　　　　　　　　　　　　　（　ア, エ, オ　）

ア　電気をよく通す。　　　　　イ　熱を通しにくい。
ウ　磁石につく。　　　　　　　エ　たたくと広がる。
オ　引っ張るとのびる。
　磁石につくのは, 金属に共通の性質ではない。

(2) 鉄のなべをみがくと, かがやきが出ました。
このかがやきのことを何といいますか。
　　　　　（　金属光沢　）

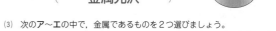

(3) 次のア～エの中で, 金属であるものを2つ選びましょう。
　　　　　　　　　　　　　　　　（　イ　）（　ウ　）

ア　プラスチック　イ　アルミニウム　ウ　銀　エ　木

(4) 金属以外の物質を何といいますか。　　　　（　非金属　）
　プラスチックや木は非金属。

12 ものの大きさと質量

→本冊 p.41

覚 えておきたい用語・公式

□①物質1cm³あたりの質量のこと。 → 密度

□②物質の密度〔g/cm³〕= $\dfrac{ア}{イ}$

ア 物質の質量〔g〕

イ 物質の体積〔cm³〕

練習問題

① 下の図のような3つの物質があるとします。あとの問いに答えましょう。

 ア イ ウ

(1) アは，質量が100gで体積が25cm³です。アの密度は何g/cm³ですか。

(**4g/cm³**)

25cm³の質量が100gなので，密度は 100÷25＝4

(2) イは，体積が5cm³で，密度が10g/cm³です。イの質量は何gですか。

(**50g**)

1cm³の質量が10gなので，5cm³分の質量は 10×5＝50

(3) ウは，密度が8g/cm³で，質量が160gです。ウの体積は何cm³ですか。

(**20cm³**)

1cm³の質量が8gなので，160g分の体積は 160÷8＝20

(4) ア～ウの物質のうち，1cm³あたりの質量が最も大きいのはどれですか。

(**イ**)

アが4g，イが10g，ウが8g

実験のページ 気体の集め方

→本冊

練習問題 1 実験①について，次の問いに答えましょう。

(1) 右の図のような気体の集め方を何と
いいますか。

(**水上置換法**)

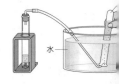
水

(2) この方法で集める気体は，水にとけ
やすいですか，とけにくいですか。

(**とけにくい。**)

(3) Aの試験管は，はじめにどのようにしておきますか。次のア，イから
しょう。 (イ

ア 空気で満たしておく。 イ 水で満たしておく。

練習問題 2 実験②について，次の問いに答えましょう。

(1) 水にとけやすくて，空気より密度が大きい気体は，どのように集めま
図のア～ウから選びましょう。 (

ア
気体

イ

ウ

(2) 水にとけやすくて，空気より密度が小さい気体を集める方法を何とい
か。 (**上方置換法**

13 酸素と二酸化炭素

→本冊 p.45

覚 えておきたい用語

□①ものを燃やすはたらきがある気体。 → **酸素**

□②石灰水を白くにごらせる性質をもつ気体。 → **二酸化炭素**

練習問題

① 酸素と二酸化炭素について，次の問いに答えましょう。

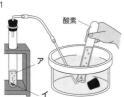
図1
酸素
ア
イ

図2
二酸化炭素
ウ
エ

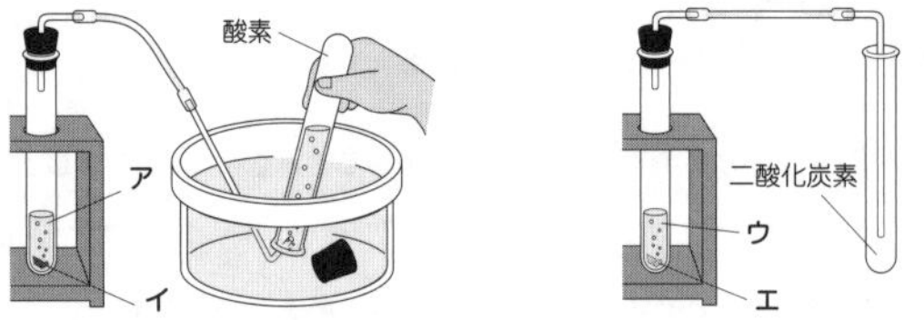

(1) 図1の方法で，酸素を集めました。ア，イはそれぞれ何ですか。下の〔 〕か
ら選びましょう。

ア(**うすい過酸化水素水**) イ(**二酸化マンガン**)

〔 うすい塩酸 うすい過酸化水素水 石灰石 二酸化マンガン 〕
うすい過酸化水素水はオキシドールのことである。

(2) 図2の方法で，二酸化炭素を集めました。ウ，エはそれぞれ何ですか。(1)の
〔 〕から選びましょう。

ウ(**うすい塩酸**) エ(**石灰石**)

(3) 火のついた線香を入れると線香が激しく燃えるのは，酸素と二酸化炭素のど
ちらを集めた試験管ですか。 (**酸素**)

酸素にはものを燃やすはたらきがある。

14 水素とアンモニア

→本冊

覚 えておきたい用語

□①火のついたマッチを近づけると，音を立てて燃えて，水ができる気体

→ **水素**

□②塩化アンモニウムと水酸化カルシウムを混ぜて熱すると発生する気体

→ **アンモニ**

練習問題

① 水素とアンモニアについて，あとの問いに答えましょう。

図1
うすい
塩酸
亜鉛

図2
塩化アンモニウムと
水酸化カルシウム

(1) 図1，図2の方法で発生する気体はそれぞれ何ですか。

図1(**水素**) 図2(**アンモニア**

(2) 図2で，アの部分に水でぬらした赤色リトマス紙を近づけました。リ
紙は何色になりますか。 (**青色**

アンモニアの水溶液はアルカリ性。

(3) 図1で集めた気体は，水にとけやすいですか，とけにくいですか。

(**とけにくい。**

水にとけにくいので，水上置換法。

(4) 図2で集めた気体は，空気よりも密度が大きいですか，小さいですか

(**小さい。**

水にとけやすく，空気よりも密度が小さいので，上方置換法。

気体の性質

→本冊 p.49

覚えておきたい用語

空気中に最も多くふくまれている気体。 → 窒素

殺菌作用がある，黄緑色の気体。 → 塩素

練習問題

素素，二酸化炭素，水素，アンモニア，窒素，塩素の6つの気体の性質を調べました。次の問いに答えましょう。

A，C，Eの気体は何ですか。
それぞれ答えましょう。

A （ 塩素 ）
C （ 窒素 ）
E （ 水素 ）

	色	におい	その他
A	黄緑色	刺激臭	水にとけやすい
B	ない	刺激臭	水にとけやすい
C	ない	ない	空気の約78%
D	ない	ない	空気の約21%
E	ない	ない	燃えて水ができる
F	ない	ない	水溶液は酸性

Fの気体は，石灰水を何色に
ごらせますか。
（ 白色 ）
は二酸化炭素。

次の①〜④の性質をもつ気体はA〜Fのどれですか。

密度が空気と比べてとても小さく，水にとけにくい。 （ E ）
水素のこと。
ものを燃やすはたらきがある。 （ D ）
酸素のこと。
上方置換法で集めることができ，水溶液はアルカリ性を示す。 （ B ）
アンモニアのこと。
漂白作用のある気体。 （ A ）
塩素のこと。

---

16 ものがとけた液体

→本冊 p.51

覚えておきたい用語

□①液体にとけている物質。 → 溶質
□②物質をとかしている液体。 → 溶媒
□③液体に物質がとけてできた液。 → 溶液
□④水に物質がとけてできた液。 → 水溶液

練習問題

① 20gの砂糖を150gの水にとかしました。次の問いに答えましょう。

(1) このとき，溶質と溶媒は何ですか。
溶質（ 砂糖 ）
溶媒（ 水 ）
溶質が溶媒にとける。

砂糖20g

(2) できた砂糖水の質量は何gですか。
（ 170g ）
20〔g〕+150〔g〕=170〔g〕

水150g

(3) できた砂糖水の濃さについて，次のア〜ウから正しいものを選びましょう。 （ ウ ）

ア 上のほうが濃い。 イ 下のほうが濃い。 ウ どの部分も同じ。
水溶液の濃さはどの部分も同じ。

(4) 次のア〜エのうち，水溶液ではないものを選びましょう。 （ ウ ）

ア 砂糖水 イ 食塩水
ウ 牛乳 エ 炭酸水
牛乳は透明ではない。

水溶液の濃さ

→本冊 p.53

覚えておきたい用語・公式

溶質の質量が溶液の何%かで表した溶液の濃度。 → 質量パーセント濃度

質量パーセント濃度〔%〕= $\dfrac{\text{ア}〔g〕}{\text{イ}〔g〕}$ ×100

ア 溶質の質量
イ 溶液の質量

練習問題

いろいろな砂糖水をつくりました。あとの問いに答えましょう。

砂糖 ＋ 水 → 砂糖水

5gの砂糖を水にとかして100gの砂糖水をつくりました。この砂糖水の質量パーセント濃度は何%ですか。

$\dfrac{〔g〕}{〔g〕}$ ×100=5 （ 5% ）

20gの砂糖を80gの水にとかして，砂糖水をつくりました。この砂糖水の質量パーセント濃度は何%ですか。

$\dfrac{20〔g〕}{〔g〕+80〔g〕}$ ×100=20 （ 20% ）

gの砂糖を水にとかして，10%の砂糖水を100gつくりました。このとき，とかした砂糖の質量 x は何gですか。

$\dfrac{〔g〕}{〔g〕}$ ×100=10 x=10 （ 10g ）

---

18 水にとける量

→本冊 p.55

覚えておきたい用語

□①物質を最大限までとかした状態の水溶液。 → 飽和水溶液

□②100gの水に最大限まで物質をとかしたときの，とけた物質の質量。 → 溶解度

練習問題

① 水の温度と100gの水にとける物質の最大限の質量の関係をグラフに表しました。次の問いに答えましょう。

(1) このようなグラフのことを何といいますか。
（ 溶解度曲線 ）

(2) 10℃の水100gには，塩化ナトリウムと硝酸カリウムのどちらがたくさんとけますか。
（ 塩化ナトリウム ）

(3) 80℃の水100gに塩化ナトリウムは約何gとけますか。グラフにある数字で答えましょう。（ 40g ）
硝酸カリウムは約160gとける。

(4) 温度によって溶解度が大きく変化するのは，塩化ナトリウムと硝酸カリウムのどちらですか。 （ 硝酸カリウム ）
グラフの傾きが急。

(5) 温度が変わっても溶解度があまり変化しないのは，塩化ナトリウムと硝酸カリウムのどちらですか。 （ 塩化ナトリウム ）
グラフの傾きがゆるやか。

19 とけているもののとり出し方

→本冊 p.57

覚 えておきたい用語
- □①規則正しい形をした固体。 → 結晶
- □②固体の物質を水にとかしてから，再び結晶としてとり出すこと。 → 再結晶

練習問題

① 80℃の水100gに硝酸カリウムと塩化ナトリウムをとかし，それぞれの飽和水溶液をつくりました。次の問いに答えましょう。

(1) 80℃の水100gに硝酸カリウムをとかしてつくった飽和水溶液には，何gの硝酸カリウムがとけていますか。
（ **168.8g** ）
表から読みとる。

(2) (1)の水溶液を80℃から20℃まで冷やしました。何gの硝酸カリウムが結晶として出てきますか。
（ **137.2g** ）
168.8〔g〕−31.6〔g〕＝137.2〔g〕

(3) 塩化ナトリウムの結晶をとり出すには，どのような方法を使いますか。
（ **水を蒸発させる。** ）
溶解度が温度によってあまり変わらない物質の水溶液。

(4) 塩化ナトリウムの結晶を表しているのは，図のア，イのどちらですか。
（ **ア** ）
イは硝酸カリウム。

100gの水にとける物質の質量

水の温度〔℃〕	硝酸カリウム〔g〕	塩化ナトリウム〔g〕
0	13.3	35.6
20	31.6	35.8
40	63.9	36.3
60	109.2	37.1
80	168.8	38.0
100	244.8	39.3

ア 　イ

---

20 もののすがたと体積

→本冊 p.

覚 えておきたい用語
- □①液体があたためられてすがたを変えたもの。 → 気体
- □②液体が冷やされてすがたを変えたもの。 → 固体
- □③物質が固体，液体，気体とすがたを変えること。 → 状態変化

練習問題

① 物質が状態変化したときのようすについて，あとの問いに答えましょう。

エタノール　加熱→　ろう　冷却→

液体　気体　液体　固体

(1) 液体のエタノールをあたためて気体にしました。体積は大きくなりますか，小さくなりますか。
（ **大きくなる。** ）
液体→気体…体積は大きくなる。

(2) 液体のろうを冷やして固体にしました。体積は大きくなりますか，小さくなりますか。
（ **小さくなる。** ）
液体→固体…体積は小さくなる。

(3) 液体の水を冷やして固体（氷）にしました。体積は大きくなりますか，小さくなりますか。
（ **大きくなる。** ）
水は例外。

(4) 物質が状態変化したとき，物質の質量は変化しますか。
（ **変化しない。** ）
すがたが変わっても，粒子の数は変わらない。

---

21 すがたが変わるときの温度

→本冊 p.61

覚 えておきたい用語
- □①固体がとけて液体になる温度。 → 融点
- □②液体が沸騰して気体になる温度。 → 沸点
- □③1種類の物質でできているもの。 → 純粋な物質
- □④いくつかの物質が混ざってできているもの。 → 混合物

練習問題

① 氷を加熱していったときの温度の変化を調べ，グラフにしました。次の問いに答えましょう。

(1) A，Bの温度のことを何といいますか。
A（ **沸点** ）
B（ **融点** ）

(2) 純粋な物質の温度の変化について，次のア～ウから正しいものを選びましょう。
（ **ア** ）

ア 物質の種類によってAやBの温度が決まっている。
イ 物質の量によってAやBの温度が変化する。
ウ 状態が変化している間も，温度が変化する。
物質の量が変化すると，状態変化にかかる時間が変化する。

(3) 混合物を加熱しました。状態が変化している間，温度は変化しますか，一定ですか。
（ **変化する。** ）
混合物は融点や沸点が決まっていない。

---

22 混ざった液体の分け方

→本冊 p.

覚 えておきたい用語
- □①純粋な物質が混ざり合っているもの。 → 混合物
- □②液体を沸騰させ，出てきた気体を冷やして再び液体にする方法のこと。 → 蒸留

練習問題

① 図のようにして，水とエタノールの混合物を熱しました。次の問いに答えましょう。

温度計
水とエタノールの混
枝つきフラスコ
ゴム管
ガラス
ア
水

(1) 急に沸騰するのを防ぐために，枝つきフラスコに入れたアを何といいますか。
（ **沸騰石** ）

(2) イのガラス管の先は，たまった液体に入れますか，入れないですか。
（ **入れない。** ）
火を消した後の逆流を防ぐため。

(3) はじめに集められた液体には火がつきました。水とエタノールのどちらが多くふくまれていますか。
（ **エタノール** ）
エタノールの多い液体→水の多い液体　の順で集められる。

(4) この実験のように，液体を沸騰させて，出てきた気体を冷やして液体にして集める方法を何といいますか。
（ **蒸留** ）

(5) この装置では，それぞれの液体がもつ何のちがいを利用して，混合物を分けていますか。
（ **沸点** ）
蒸留を利用すると，液体どうしの混合物を分けとることができる

(1)砂糖，かたくり粉　　(2)有機物
(3)2.7g/cm³　　　　(4)アルミニウム

説　(1)砂糖やかたくり粉は，熱するとこげて，その後
　燃えて二酸化炭素が発生します。食塩は熱しても
　燃えません。
　(2)砂糖やかたくり粉は有機物，食塩は無機物です。
　(3)81〔g〕÷30〔cm³〕＝2.7〔g/cm³〕
　(4)表の中で密度が2.7g/cm³の物質は，アルミニ
　ウムです。

(1)ア…燃やす　　イ…石灰水
　ウ…小さい　　エ…水
　オ…上方　　　カ…アルカリ
(2)アンモニア

説　(1)二酸化炭素は少し水にとけるだけなので，水上
　置換法でも集められます。水素は物質の中でいち
　ばん密度が小さいです。空気中で燃えて，水がで
　きます。
　アンモニアは水によくとけ，空気よりも密度が小
　さいので，上方置換法で集めます。
　(2)アンモニアには，刺激臭がありますが，酸素，
　二酸化炭素，水素にはにおいがありません。

3　(1)右の図

　(2)40%
　(3)再結晶

解説　(1)硝酸カリウムの粒子は，水溶液全体に均一に広
　がっています。
　(2)$\dfrac{80〔g〕}{80〔g〕+120〔g〕}\times100=40$
　(3)温度によって溶解度が大きく変化する物質は，
　水溶液を冷やすことで結晶としてとり出せます。

4　(1)ア…沸点　　イ…融点
　(2)D　　(3)小さくなる。　　(4)図4

解説　(1)アは水が沸騰するときの温度です。
　(2)Aは固体，Bは固体→液体，Cは液体，Dは液
　体→気体，Eは気体です。
　(3)ふつう，固体から液体になるとき体積は大きく
　なりますが，水は例外で，氷が水になるときは体
　積が小さくなります。
　(4)混合物を熱したとき，状態が変化している間も
　温度が一定になりません。

光の進み方
➡本冊 p.69

えておきたい用語

自ら光を出しているもの。太陽や電灯など。　| 光源 |

光がまっすぐ進むこと。　| (光の)直進 |

光が物体に当たってはね返ること。　| (光の)反射 |

鏡の面に垂直な線と鏡に入る光との間の角。　| 入射角 |

鏡の面に垂直な線と鏡で反射した光との間の角。　| 反射角 |

習問題

図は，光が鏡に当たってはね返るようすです。次の問いに答えましょう。

右の図で，入射角と反射角を
しているのはア～エのどれで
か。　入射角（ イ ）
　　　反射角（ ウ ）
の面に垂直な線との間の角。
入射角と反射角の関係を，次
①～③から選びましょう。
　　　　　（ ① ）

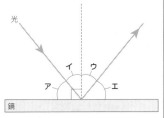

①入射角＝反射角　　②入射角＞反射角　　③入射角＜反射角

(2)のようになることを何の法則といいますか。
　　　　　　　　　（ (光の)反射の法則 ）

(3)の法則は，どの角度から光を当てても成り立ちますか。
　　　　　　　　　（ 成り立つ。 ）
の角度から光が当たっても，入射角と反射角は同じ。

---

24 鏡に映ったもの
➡本冊 p.71

覚 えておきたい用語

□①鏡に映って見えるもののこと。　| 像 |

練習問題

1　鏡を使ったときの物体の見え方について，あとの問いに答えましょう。

図1

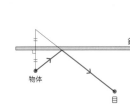

図2

(1) 図1のように，鏡の前に物体を置いて，●の位置からのぞきました。物体は
どこにあるように見えますか。図1のア～ウから選びましょう。
　　　　　　　　　（ ア ）

鏡に対して物体と対称の位置に見える。

(2) (1)で，実際には鏡の向こう側に物体はありません。このように，鏡に映って
見えるもののことを何といいますか。　　　　　（ 像 ）

(3) 図2の位置に鏡と物体があるとき，物体(●)からの光が目(●)まで届く進み
方を図2にかきましょう。ただし，作図に使った線は消さないようにしましょう。
光は鏡で反射して目に届く。

25 曲がる光

→本冊 p.73

覚 えておきたい用語

□①境界面に垂直な線と入る光との間の角。 　**入射角**

□②境界面に垂直な線と屈折した光との間の角。 　**屈折角**

□③光が水中から空気中へ進むとき，境界面で屈折せずにすべて反射すること。
　全反射

練習問題

① 光が空気中から水中，水中から空気中に進むときのようすについて，次の問いに答えましょう。

(1) 図1で，光の道筋として最もよいのはア〜エのどれですか。
　（ **ウ** ）
光は水面で屈折する。

(2) 図1で，入射角と屈折角ではどちらが大きいですか。
　（ **入射角** ）
入射角＞屈折角

(3) 図2で，光の道筋として最もよいのはア〜エのどれですか。
　（ **エ** ）
入射角＜屈折角

(4) 図2の入射角を大きくすると，光が水面ですべて反射しました。この現象を何といいますか。
　（ **全反射** ）

図1
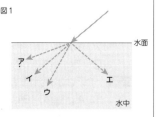

図2
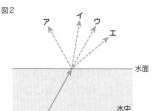

26 凸レンズを通る光

→本冊 p

覚 えておきたい用語

□①虫眼鏡のレンズなど，中心がふくらんだレンズ。 　**凸レンズ**

□②凸レンズの光軸に平行な光を当てたとき，光が集まる点。
　焦点

□③凸レンズの中心から焦点までの距離。 　**焦点距離**

練習問題

① 右の図は，凸レンズの光軸に平行な光を当てたときのようすを表したす。次の問いに答えましょう。

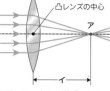

(1) 図のアの点を何といいますか。
　（ **焦点** ）
光が集まる点。

(2) 図のイの長さを何といいますか。
　（ **焦点距離** ）

(3) 次の①〜③の光の進み方を，それぞれ下のア〜ウから選びましょう。
　① 光軸に平行に入った光。 　（ ）
　上の図のようになる。
　② 凸レンズの中心を通った光。 　（ ウ ）
　③ 焦点を通って凸レンズに入った光。 　（ ）

　ア 凸レンズを通った後，光軸に平行に進む。
　イ 凸レンズを通った後，焦点を通る。
　ウ そのまま直進する。

実習の ページ 実像

→本冊 p.76

練習問題 1 　実習①について，次の問いに答えましょう。

(1) 右の図の↑の物体の像を作図しましょう。
（●は凸レンズの中心，・は焦点を表します。）

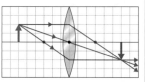

(2) (1)でできた像のことを何といいますか。 （ **実像** ）

練習問題 2 　実習②について，次の問いに答えましょう。

(1) 右の図の↑の物体の像を作図しましょう。
（●は凸レンズの中心，・は焦点を表します。）

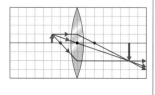

(2) (1)の像について正しいものをア〜エから選びましょう。 （ **エ** ）

ア 物体と同じ向き 　　　イ 物体と上下だけが逆向き
ウ 物体と左右だけが逆向き 　エ 物体と上下左右が逆向き

(3) (1)の物体を左へ3目盛り動かし，焦点から遠ざけました。できる像は(1)と比べて大きいですか，小さいですか。 　（ **小さい。** ）

実習の ページ 虚像

→本冊 p

練習問題 1 　実習①について，次の問いに答えましょう。

(1) 右の図の物体↑の矢印の先から出た光はどのように進みますか。作図しましょう。
（●は凸レンズの中心，・は焦点を表します。）

(2) (1)のとき，どのような像ができますか。次のア〜エから選びましょう。
　（ **エ** ）

ア 物体と同じ向きの像 　　　イ 物体と上下が逆向きの像
ウ 物体と上下左右が逆向きの像 　エ 像はできない

練習問題 2 　実習②について，次の問いに答えましょう。

(1) 右の図の↑の物体の像を作図しましょう。
（●は凸レンズの中心，・は焦点を表します。）

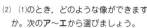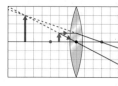

(2) (1)でできた像のことを何といいますか。 （ **虚像** ）

(3) (2)の像について，次のア〜エから正しいものをすべて選びましょう。
　（ **ア，エ** ）

ア 物体と同じ向き 　　　イ 物体と上下左右が逆向き
ウ 物体と同じ大きさ 　　　エ 物体より大きい

ものの見え方

→本冊 p.81

覚えておきたい用語

光がでこぼこした物体の表面に当たって，いろいろな方向に反射すること。

【 乱反射 】

練習問題

ものの見え方について，次の問いに答えましょう。

図のように，光がでこぼこした物体の表面に当たって，いろいろな方向に反射することを何といいますか。

（ 乱反射 ）

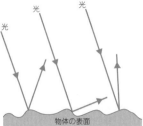

図で，それぞれの光の入射角と反射角はどのようになっていますか。次のア〜エから選びましょう。

（ イ ）

ア すべて入射角＞反射角になっている。
イ すべて入射角＝反射角になっている。
ウ すべて入射角＜反射角になっている。
エ 入射角と反射角の関係は，光によってちがっている。

 一つ１つの反射は，光の反射の法則が成り立っている。

太陽の光が当たったリンゴが赤色に見えるのはなぜですか。次のア〜ウから選びましょう。

（ ア ）

ア 赤色の光だけを反射するから。
イ 赤色の光だけを反射しないから。
ウ 赤色の光だけが当たっているから。

㉘ 音の伝わり方

→本冊 p.83

覚えておきたい用語

□①音を出している物体。

【 音源 】

練習問題

1 音の伝わり方について，次の問いに答えましょう。

(1) 物体がどのようになっているとき，音が出ていますか。（　）に言葉を書きましょう。
物体が（ 振動 ）しているとき。
振動を止めると，音は出ない。

(2) 容器の中の空気をぬいていくと，ブザーの音はどのように聞こえますか。次のア〜ウから選びましょう。

（ イ ）

ア 大きく，聞こえやすくなる。
イ 小さく，聞こえにくくなる。
ウ 変わらない。

(3) (2)の実験から，何が音を伝えていたとわかりますか。

（ 空気 ）

(4) 音は，水中や固体の中も伝わりますか。

（ 伝わる。 ）

音はいろいろな物質の中を伝わる。

(5) 雷の稲妻が見えた５秒後に音が聞こえました。稲妻までの距離は何ｍですか。ただし，音の速さは340m/sとします。

（ 1700m ）

340〔m/s〕×5〔s〕＝1700〔m〕

音の大きさと高さ

→本冊 p.85

覚えておきたい用語

弦の振動の振れ幅のこと。 【 振幅 】

弦が１秒間に振動する回数のこと。 【 振動数 】

振動数の単位。 【 ヘルツ(Hz) 】

練習問題

音の大きさや高さについて，次の問いに答えましょう。

右のモノコードの弦を，次の①〜④のようにしてはじくと，音はどうなりますか。下のア〜オから選びましょう。

① 弦のはじき方を強くする。 （ ウ ）
振幅が大きくなる。
② 弦の長さを長くする。 （ イ ）
振動数が少なくなる。
③ 弦の張り方を強くする。 （ ア ）
振動数が多くなる。
④ 弦の太さを太くする。 （ イ ）
振動数が少なくなる。

ア 高くなる。　イ 低くなる。　ウ 大きくなる。
エ 小さくなる。　オ 変化しない。

下の図は，音の振動をオシロスコープで調べたものです。より高い音が出ているのは①，②のどちらですか。

（ ② ）

① ②

振動数が多いほど音は高い。

㉚ 理科であつかう力

→本冊 p.87

覚えておきたい用語

□①力のはたらく点のこと。 【 作用点 】

□②力の大きさを表す単位。記号はN。 【 ニュートン 】

練習問題

1 物体にはたらく力について，次の問いに答えましょう。

(1) 持っていたボールを投げるとき，力はどのようなはたらきをしますか。最もよいものを次のア〜ウから選びましょう。

（ ウ ）

ア ボールの形を変える。
イ ボールを支える。
ウ ボールの動きを変える。

(2) 物体を１Nの力で押すようすを図１のように表しました。ア〜ウはそれぞれ何を表していますか。

ア（ 作用点 ）
イ（ 力の向き ）
ウ（ 力の大きさ ）

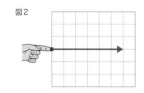

図1　ア（矢印の始点）　イ（矢印の向き）　ウ（矢印の長さ）

図2

(3) 図１の力について，力の大きさだけを２Nに変えました。このとき，力を表す矢印はどのようになりますか。図２にかきましょう。
力の大きさが２倍なので，矢印の長さを２倍にする。

31 いろいろな力

→本冊 p.89

覚 えておきたい用語

□①のばしたゴムのように，変形した物体がもとにもどろうとする力。

弾性力

□②磁石どうしの間ではたらく力。

磁力

□③こすった下じきにかみの毛が引きつけられるときにはたらく力。

電気の力

練習問題

1 いろいろな力について，次の問いに答えましょう。

図1　　　図2　　　図3

(1) 図1のように，地球上のすべての物体にはたらいている力を何といいますか。
（　**重力**　）
下向きにはたらく力。

(2) 図2で，机から本に対して垂直にはたらいている力を何といいますか。
机が本を支える力。（　**垂直抗力**　）

(3) 図3で本を左向きに水平に押したとき，摩擦力はどの向きにはたらいていますか。次の**ア〜エ**から選びましょう。（　**イ**　）

ア　左向き　イ　右向き　ウ　上向き　エ　下向き
左向きに動こうとする本を止める向き（右向き）にはたらく。

---

32 ニュートンとグラム

→本冊 p

覚 えておきたい用語

□①地球上の物体にはたらく，地球の中心に向かって引かれる力。

重力

□②物体そのものの量のこと。単位はg，kgなど。

質量

練習問題

1 重さと質量について，次の問いに答えましょう。

(1) 次の**ア〜ク**のうち，質量について書かれているものをすべて選びまし
（　**イ，ウ，オ，ク**

ア　地球の中心に向かって引かれる力の
こと。
イ　物体そのものの量のこと。
ウ　単位はgやkgなど。
エ　単位はN。
オ　上皿てんびんではかることができる。
カ　ばねばかりではかることができる。
キ　地球上と月面上で値が変化する。
ク　地球上と月面上で値が同じである。

(2) (1)の**ア〜ク**のうち，物体にはたらく重力の大きさについて書かれてい
をすべて選びましょう。
（　**ア，エ，カ，キ**

(3) 地球上で，質量1kgの物体にはたらく重力の大きさは，およそ何Nで
（　**10N**
質量100gの物体にはたらく重力が1N。1kg＝1000g

---

33 ばねを引く力とばねののび

→本冊 p.93

覚 えておきたい用語

□①ばねののびは，ばねを引く力の大きさに比例するという法則。

フックの法則

練習問題

1 ばねにつるすおもり（1個20g）の数を変えて，2種類のばねA，Bののびを調べます。あとの問いに答えましょう。

おもりの数〔個〕	0	1	2	3	4	5
力の大きさ〔N〕	0	0.2	0.4	0.6	0.8	1.0
ばねののび A 〔cm〕	0	3.0	5.9	9.0	12.1	15.0
B	0	2.0	ア	6.0	8.0	10.0

(1) ばね**A**を使ったときの結果を，右のグラフに表しましょう。

(2) 表の**ア**にあてはまる数値を答えましょう。（　**4.0**　）
力が2倍→ばねののびも2倍

(3) ばね**B**を2Nの力で引いたとき，ばねののびは何cmになりますか。
（　**20cm**　）
1Nで10cmのびるので，2Nで20cm。

(4) 力の大きさとばねののびにはどのような関係がありますか。
（　**比例**　）

(5) (4)の関係があるという法則を何といいますか。
（　**フックの法則**　）

（グラフ縦軸）ばねののび〔cm〕　20 15 10 5 0
（グラフ横軸）力の大きさ〔N〕　0 0.2 0.4 0.6 0.8 1.0

---

34 つり合っている力

→本冊 p

覚 えておきたい用語

□①台の上に置いた物体の重力とつり合う力。

垂直抗力

□②台の上に置いた物体を水平に引いても動かないとき，物体を引く力とつり合う力。

摩擦力

練習問題

1 力のつり合いについて，次の問いに答えましょう。

(1) 次の図で，2つの力A，Bがつり合っているものには○，つり合っていないものには×をかきましょう。

①（　**×**　）　　②（　**○**　）　　③（　**×**　）

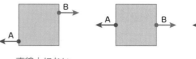

一直線上にない。　　　　　　力の大きさがち

(2) 右の図で，物体にはたらく**ア，イ**の力をそれぞれ何といいますか。
ア（　**垂直抗力**　）
イ（　**重力**　）
アとイの力はつり合っている。

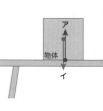

(3) 台の上の物体を10Nの力で水平に引きましたが，動きませんでした。このとき，物体にはたらく摩擦力は何Nですか。（　**10N**　）
10Nの引く力とつり合う。

とめのテスト
→本冊 p.96

(1)エ　　(2)全反射
(3)下の図　　(4)C…実像　　D…虚像

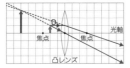

[説] (2)入射角が大きくなると，全反射が起こります。

(1)高くなる。　　(2)340m/s

[説] (2)速さ＝距離÷時間なので，
850〔m〕÷2.5〔s〕＝340〔m/s〕

(1)① 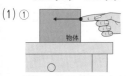　②
（押している点から左向きに1.5cmの矢印）
（物体の中央から下向きに0.5cmの矢印）

(2)10cm　　　(3)フックの法則
(4)ア…垂直抗力　イ…重力
(5)ア…2N　イ…2N　　(6)摩擦力　　(7)3N

[説] (5)(7)つり合っている2つの力の大きさは同じ。

火山の形
→本冊 p.102

問題 1　観測①について，次の問いに答えましょう。

のア～ウの形の火山のうち，マグマのねばりけが最も弱いものはどれです　　(イ)

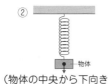
ア 円すいの形　　イ 傾斜のゆるやかな形　　ウ 盛り上がった形

のア～ウの形の火山のうち，マグマのねばりけが最も強いものはどれです　　(ウ)

問題 2　観測②について，次の問いに答えましょう。

のア～カの中で，傾斜のゆるやかな形の火山について書かれているものを
て選びましょう。　　(ア, エ, カ)

ア マグマのねばりけが弱い。　　イ マグマのねばりけが強い。
　噴火のようすが激しい。　　エ 噴火のようすがおだやか。
　溶岩の色が白っぽい。　　カ 溶岩の色が黒っぽい。

すいの形をした火山を，次のア～ウから選びましょう。　　(ウ)

ア 雲仙普賢岳（うんぜんふげんだけ）　　イ マウナロア　　ウ 桜島（さくらじま）

---

35 火山から出てくるもの
→本冊 p.101

覚 えておきたい用語

☐①火山の地下にある，岩石がとけてできたもの。　　マグマ
☐②火山噴出物で，直径2mm以下の粒のこと。　　火山灰
☐③マグマが地表に流れ出たもののこと。　　溶岩
☐④マグマが冷えて結晶になった粒。　　鉱物

練習問題

1 次の図は，火山が噴火したときのようすを表しています。次の問いに答えましょう。

(1) 火山の地下深くにあるアを何といいますか。
　　(マグマ)

(2) 次の①～③の火山噴出物をそれぞれ何といいますか。下の〔 〕から選びましょう。

① 水蒸気や二酸化炭素などの気体。　　(火山ガス)

② マグマがふき飛ばされ，空中で固まったもの。
　　(火山弾)

③ マグマが地表に流れ出たもの。　　(溶岩)
液体状のものも，冷えて固まったものも溶岩。
〔 火山灰　火山弾　火山ガス　溶岩 〕

---

36 火山でできる岩石
→本冊 p.105

覚 えておきたい用語

☐①マグマが冷えて固まった岩石のこと。　　火成岩
☐②地表や地表付近でできた火成岩。　　火山岩
☐③地下深いところでできた火成岩。　　深成岩
☐④斑晶や石基が見られる，火山岩のつくり。　　斑状組織
☐⑤大きな鉱物が組み合わさっている，深成岩のつくり。　　等粒状組織

練習問題

1 火山岩と深成岩のつくりを図に表しました。あとの問いに答えましょう。

ア　　　イ　　A　　B

(1) マグマが長い時間をかけて冷え固まった岩石は，火山岩と深成岩のどちらですか。　　(深成岩)
火山岩は短い時間で，深成岩は長い時間をかけて冷えた。
(2) 火山岩のつくりは，ア，イのどちらですか。　　(イ)
アは深成岩。
(3) ア，イの岩石のつくりをそれぞれ何といいますか。
ア(等粒状組織)　イ(斑状組織)
深成岩は同じくらいの大きさの鉱物が集まってできている。
(4) イのつくりに見られる，A，Bの部分をそれぞれ何といいますか。
A(斑晶)　　B(石基)

③⑦ 火成岩にふくまれるもの
→本冊 p.107

覚 えておきたい用語

□①火山岩の中で有色鉱物の割合が最も多い岩石。	玄武岩
□②火山岩の中で無色鉱物の割合が最も多い岩石。	流紋岩
□③深成岩の中で有色鉱物の割合が最も多い岩石。	斑れい岩
□④深成岩の中で無色鉱物の割合が最も多い岩石。	花こう岩

練習問題

① 火成岩の種類について，次の問いに答えましょう。

(1) 次のア～カから有色鉱物をすべて選びましょう。　　（ ア，イ，ウ，カ ）

ア 角セン石　　　イ カンラン石
ウ 黒雲母　　　エ 石英
オ 長石　　　　カ 輝石
エ，オは無色鉱物。

(2) 下の〔 〕から火山岩のなかまを3つ選び，岩石の色が白っぽいものから順に並べましょう。
（ 流紋岩 → 安山岩 → 玄武岩 ）

(3) 下の〔 〕から深成岩のなかまを3つ選び，岩石の色が白っぽいものから順に並べましょう。
（ 花こう岩 → せん緑岩 → 斑れい岩 ）

〔 安山岩　　　花こう岩　　　玄武岩
　せん緑岩　　斑れい岩　　　流紋岩 〕

③⑧ 地震の規模とゆれ
→本冊 p.

覚 えておきたい用語

□①地震が発生した，地下の場所。	震源
□②地表にある，震源の真上の地点。	震央
□③観測地点での地震のゆれの大きさを表す値。	震度
□④地震そのものの規模の大きさを表す値。	マグニチュー

練習問題

① 地震について，次の問いに答えましょう。

(1) 地震が発生したアの場所のことを何といいますか。
（ 震源 ）

(2) アの真上にあるイの地点のことを何といいますか。
（ 震央 ）

(3) Aでは，ゆれを感じました。観測地点で感じるゆれの大きさを表す値を何といいますか。（ 震度 ）
土地のつくりやようすも震度に影響する。

(4) (3)の値は，現在いくつの階級に分けられていますか。
（ 10階級 ）
0，1，2，3，4，5弱，5強，6弱，6強，7。

(5) 地震そのものの規模の大きさを表す値を何といいますか。
（ マグニチュード ）
記号はM。

③⑨ 地震の2つのゆれ
→本冊 p.111

覚 えておきたい用語

□①地震のゆれで，はじめに起こる小さなゆれ。	初期微動
□②地震のゆれで，後から起こる大きなゆれ。	主要動
□③地震の波で，はじめの小さなゆれを伝える波。	P波
□④地震の波で，後からの大きなゆれを伝える波。	S波

練習問題

① 右の図は，地震のゆれを記録したものです。次の問いに答えましょう。

(1) A，Bのゆれをそれぞれ何といいますか。
A（ 初期微動 ）
B（ 主要動 ）
初期微動の後に主要動。

(2) Cの時間を何といいますか。
（ 初期微動継続時間 ）

55秒 C 47分00秒　　05秒　　10秒

(3) 震源から遠くなると，(2)の時間は長くなりますか，短くなりますか。
（ 長くなる。 ）
震源から遠いほど，長い。

(4) 地震の波について，正しいものを次のア～エからすべて選びましょう。
（ ア，ウ ）

ア Aのゆれは，P波が伝える。
イ Aのゆれは，S波が伝える。
ウ P波とS波では，P波のほうが伝わる速さが速い。
エ P波とS波では，P波のほうが先に発生する。
P波とS波は同時に発生する。

④⓪ 地震が起こるわけ
→本冊 p.

覚 えておきたい用語

□①地球の表面をおおう，厚い岩石の板。	プレート
□②地震が発生するときにできる大地のずれ。	断層
□③今後も地震を起こす可能性がある断層。	活断層

練習問題

① 下の図は，日本列島付近のプレートのようすを表しています。あとの[問いに]答えましょう。

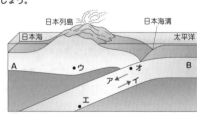

(1) 海洋のプレートは，A，Bのどちらですか。（ B ）
Aは大陸のプレート，Bは海洋のプレート。

(2) Bのプレートが動く向きは，ア，イのどちらですか。（ ア ）

(3) 日本列島付近のプレートの境界で起こる地震の震源は，日本海側と太平洋側のどちらが深いですか。（ 日本海側 ）
太平洋側ほど震源が浅い。

(4) ウ～オで，大地震が発生しやすいのはどこですか。（ オ ）
海溝の近くで発生しやすい。

(5) 海底で地震が起こると，もち上がった海水が陸におし寄せ，大きな被[害が出]ることがあります。この現象を何といいますか。（ 津波 ）

水のはたらきで積もる粒

➡本冊 p.115

えておきたい用語

気温変化や風雨で，岩石がぼろぼろになること。	風化
流れる水が岩石をけずりとるはたらき。	侵食
流れる水がれき，砂，泥を運ぶはたらき。	運搬
流れる水がれき，砂，泥を水底に積もらせるはたらき。	堆積

問題

右の図は，れき，砂，泥が流され，堆積したときのようすを表しています。
の問いに答えましょう。

れき，砂，泥の中で，粒の
きさが最も大きいものはど
ですか。
（　**れき**　）
き＞砂＞泥

アの部分に堆積した粒とし
最もよいものを，れき，砂，
から選びましょう。
（　**れき**　）
きい粒が先に堆積。

れき，砂，泥の堆積がくり返されてできた図のような層のことを何といいま
か。　（　**地層**　）

の層とBの層では，どちらが古くに堆積しましたか。　（　**B**　）
ふつう，下の地層ほど古くに堆積。

---

42 いろいろな化石

➡本冊 p.117

覚 えておきたい用語

- □①地層ができたときの環境を知るのに役立つ化石。　**示相化石**
- □②地層ができた時代を知るのに役立つ化石。　**示準化石**
- □③地層ができた時代のこと。古生代など。　**地質年代**

練習問題

① いろいろな生物の化石について，あとの問いに答えましょう。

アンモナイト 　　ビカリア　　恐竜

サンヨウチュウ 　　フズリナ　　ナウマンゾウ

(1) 次の①～③の生物の化石を，上の図から2つずつ選びましょう。
　① 古生代の生物。　（**サンヨウチュウ**）（　**フズリナ**　）
　② 中生代の生物。　（　**アンモナイト**　）（　**恐竜**　）
　③ 新生代の生物。　（　**ビカリア**　）（　**ナウマンゾウ**　）

(2) 上の図のような化石のことを何といいますか。（　**示準化石**　）

(3) サンゴなどのように，地層ができたときの環境を知るのに役立つ化石のこと
を何といいますか。　（　**示相化石**　）
限られた環境でだけ生きられる生物の化石。

積もってできた岩石①

➡本冊 p.119

ておきたい用語

地層の粒が押し固められてできた岩石。	堆積岩
れきなどが固められてできた堆積岩。	れき岩
砂が固められてできた堆積岩。	砂岩
泥が固められてできた堆積岩。	泥岩
火山灰などが固められてできた堆積岩。	凝灰岩

問題

の図は，堆積岩の粒のようすを表しています。あとの問いに答えましょう。

A 　　B

れき岩，砂岩，泥岩は，何で区別できますか。次のア～ウから選びましょう。
（　**ア**　）

　粒の大きさ　イ 粒の色　ウ 粒の成分
が大きい順にれき岩，砂岩，泥岩。

れき岩を表しているのは，図のA，Bのどちらですか。　（　**A**　）
き岩の粒は角がとれて丸みを帯びている。

2)で選ばなかったものは，火山灰などの火山噴出物が堆積して固められた岩
の粒のようすを表しています。この岩石を何といいますか。
（　**凝灰岩**　）

---

44 積もってできた岩石②

➡本冊 p.121

覚 えておきたい用語

- □①生物の死がいなどが固められた堆積岩で，うすい塩酸をかけると二酸化炭
　素が発生するもの。　**石灰岩**
- □②生物の死がいなどが固められた堆積岩で，とてもかたい岩石。くぎで傷を
　つけることができないもの。　**チャート**

練習問題

① 石灰岩とチャートの特徴について，次の問いに答えましょう。

(1) 石灰岩やチャートは何が堆積して固められた岩石ですか。次のア～ウから選
びましょう。　（　**ウ**　）

　ア 岩石のかけら
　イ 火山灰などの火山噴出物
　ウ 生物の死がいなど
　石灰岩やチャートも堆積岩。

(2) うすい塩酸をかけると気体が発生するの
は，石灰岩とチャートのどちらですか。
（　**石灰岩**　）
チャートでは発生しない。

(3) (2)で発生した気体は何ですか。
（　**二酸化炭素**　）

(4) とてもかたい岩石なのは，石灰岩とチャ
ートのどちらですか。
（　**チャート**　）
くぎなどでは傷をつけられないほどかたい。

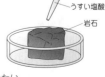
うすい塩酸
岩石

45 力が加わった地層

→本冊 p.123

覚 えておきたい用語

- □①大きな力がはたらき，地層が曲がったもの。　**しゅう曲**
- □②大きな力がはたらき，地層がずれたもの。　**断層**
- □③大きな力によって，大地がもち上がること。　**隆起**
- □④大きな力によって，大地が沈むこと。　**沈降**

練習問題

① 下の図は，地層に力が加わって変化したようすを表しています。あとの問いに答えましょう。

図1 　図2 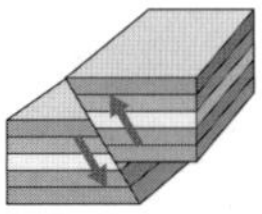 　図3

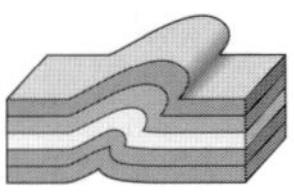

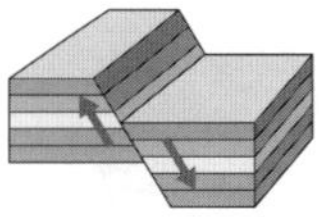

(1) 図1のように地層が曲げられたものを何といいますか。
（　**しゅう曲**　）

(2) 図2のように地層がずれたものを何といいますか。
（　**断層**　）
図3も断層。

(3) 図1〜図3では，どのような力がはたらきましたか。それぞれ次のア〜ウから選びましょう。
図1（　**ア**　）　図2（　**ア**　）　図3（　**イ**　）

ア　両側から押す力　イ　両側に引っ張る力　ウ　横にずらす力

---

46 自然による災害と恵み

→本冊 p

覚 えておきたい用語

- □①溶岩が斜面を流れる現象。　**溶岩流**
- □②溶岩の破片，火山灰，火山ガスなどが高速で斜面を流れる現象。　**火砕流**
- □③地震が海底で発生したときに引き起こされることがある，大きな波。　**津波**
- □④埋め立て地などで，地震によって地面が急にやわらかくなる現象。　**液状化**

練習問題

① 火山や地震による災害と恵みについて，次の問いに答えましょう。

(1) 下のア〜ケのうち，火山の噴火による被害を3つ選びましょう。
（　**イ**　）（　**オ**　）（　
ほかに，噴石による被害などがある。

(2) 下のア〜ケのうち，地震による被害を3つ選びましょう。
（　**ウ**　）（　**エ**　）（　
ほかに，火災や液状化などがある。

(3) 下のア〜ケのうち，火山による恵みを3つ選びましょう。
（　**ア**　）（　**キ**　）（　
ほかに，わき水（湧水）などがある。

ア　温泉がわき出る。　　　イ　火山灰が降り積もる。
ウ　建物が倒壊する。　　　エ　津波が発生する。
オ　溶岩流が発生する。　　カ　火砕流が発生する。
キ　地熱発電が行われる。　ク　豊かな景観をもたらす。
ケ　地すべりが発生する。

まとめのテスト 4 大地の変化

→本冊 p.126

1 (1)ウ　　(2)イ　　(3)鉱物

解説 (1)ねばりけの強い順にウ→ア→イ
(2)黒っぽいものから順にイ→ア→ウ

2 (1)地震の規模
(2)ア…初期微動　　　イ…主要動
(3)初期微動継続時間　　(4)長くなる。

解説 (1)地震の規模はマグニチュード，ゆれの大きさは震度で表します。
(2)初期微動はP波，主要動はS波が伝えます。

3 (1)示相化石　(2)示準化石　(3)ア

解説 (3)サンヨウチュウ・フズリナは古生代，アンモナイト・恐竜は中生代，ビカリア・ナウマンゾウは新生代の生物。

4 (1)等粒状組織　　(2)石基
(3)ア…深成岩　　　イ…火山岩
(4)れき岩　　　　　(5)凝灰岩
(6)二酸化炭素が発生する。

解説 (2)イのつくりを斑状組織といい，斑晶のまわりに石基が見られます。
(6)石灰岩やチャートは，生物の死がいなどが堆積して固められた堆積岩です。

0 9 8 7 6 5 4 3
D　C　B　A